FAO中文出版计划项目丛书：青年与联合国全球联盟学习和行动系列

青少年海洋科普手册

（第一版）

联合国粮食及农业组织　编著

胡松　译

中国农业出版社

联合国粮食及农业组织

2022·北京

引用格式要求：
粮农组织和中国农业出版社。2022年。《青年与联合国全球联盟学习和行动系列：青少年海洋科普手册》。中国北京。

11-CPP2021
本出版物原版为英文，即*Youth and United Nations Global Alliance Learning and Action Series: The youth guide to the ocean*，由联合国粮食及农业组织于2014年出版。此中文翻译由上海海洋大学安排并对翻译的准确性及质量负全部责任。如有出入，应以英文原版为准。

本信息产品中使用的名称和介绍的材料，并不意味着联合国粮食及农业组织（粮农组织）对任何国家、领地、城市、地区或其当局的法律或发展状况，或对其国界或边界的划分表示任何意见。提及具体的公司或厂商产品，无论是否含有专利，并不意味着这些公司或产品得到粮农组织的认可或推荐，优于未提及的其他类似公司或产品。

本信息产品中陈述的观点是作者的观点，不一定反映粮农组织的观点或政策。

ISBN 978-92-5-136823-7（粮农组织）
ISBN 978-7-109-30033-0（中国农业出版社）

FAO中文出版计划项目丛书

指导委员会

FAO中文出版计划项目丛书

译审委员会

主　任　顾卫兵

副主任　罗　鸣　苑　荣　刘爱芳　徐　明　王　静

编　委　魏　梁　张夕珺　李巧巧　宋　莉　宋雨星　闫保荣　刘海涛　朱亚勤　赵　文　赵　颖　郑　君　董碧杉　黄　波　张龙豹　张落桐　曾子心　徐璐铭

本书译审名单

翻　译　胡　松

审　校　魏友云

致谢

青年与联合国全球联盟（YUNGA）感谢所有编写者、赞助方、美工以及其他支持制作本手册的个人和团体。所有参与者都在繁忙的工作中安排出额外的时间来进行撰写、编辑、校稿等工作，许多人慷慨地提供了图片使用权和其他资源。我们向联合国生物多样性公约（CBD）的Chris Gibb、Neil Pratt、Chantal Robichaud；联合国教科文组织—政府间海洋学委员会（IOC-UNESCO）的Isabelle Brugnon、Rejane Herve-Smadja、Kirsten Isensee、Francesca Santoro、Claire Poyser、Wendy Watson-Wright，世界女童军协会（WAGGGS）的Harriet Thew等实质且优秀的投入深表谢意。我们还要感谢青年海洋活动家 Sena Blankson、Luisa Sette Camara、Miriam Justo、Emilie Novaczek、Liam O' Doherty 等人与我们分享鼓舞人心的故事。特别感谢富有耐心且极具创意的美工艺术家Pietro Bartoleschi（原创设计）、Elisabetta Cremona、Arianna Guida和Fabrizio Puzzilli（设计和布局）以及Simone D' Ercole（图片编辑）。所有贡献者都深切关注海洋的命运，支持和倡导保护海洋。非常感谢 YUNGA 大使们在推广本手册时赋予的热情和活力。

目录

A 部分 入门海洋

B 部分 海岸带——通向海洋之门

C 部分
极端海洋：很多我们没见过的东西

D 部分
海洋行动

前言

海洋是我们的肺和生命之源。

欢迎来到蓝色星球！

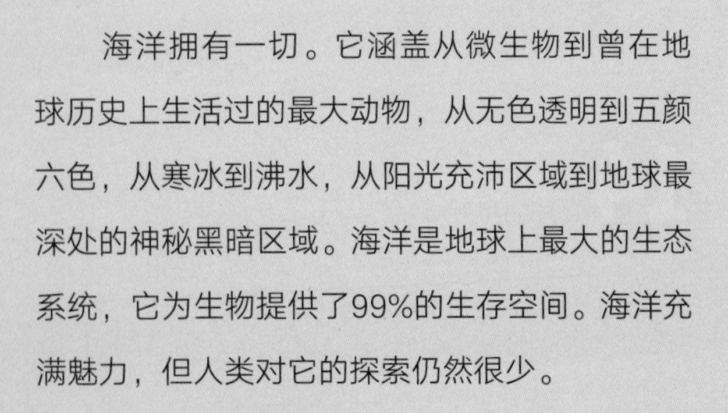

海洋拥有一切。它涵盖从微生物到曾在地球历史上生活过的最大动物，从无色透明到五颜六色，从寒冰到沸水，从阳光充沛区域到地球最深处的神秘黑暗区域。海洋是地球上最大的生态系统，它为生物提供了99%的生存空间。海洋充满魅力，但人类对它的探索仍然很少。

海洋以多种不同方式影响着我们。它为我们提供了重要的食物和其他自然资源。它影响着我们的气候和天气，为我们提供消遣，激发我们创作小说、艺术作品和音乐的灵感。我们从海洋中的获益几乎无穷无尽！另一方面，我们也在影响着海洋。过度捕捞正在减少鱼群的数量，威胁着海水营养盐的循环供应，改变着海洋的食物网；从北极到海洋最深处都发现了大量的垃圾和塑料，这都是我们的废弃物；气候变化及其相关的影响如海洋酸化，正在威胁海洋物种的生存；沿海开发正在破坏和退化重要的海洋栖息地；我们都知道，即使是海上娱乐活动也会影响到海洋栖息地和海洋生物。

即使我们不是全部都住在海边，我们也需要一个洁净健康的海洋来支撑整个人类的生存和发展。政府和国际组织正在采取行动，包括建立更多的海洋保护区，完善渔业和环境政策，改善海洋环境规划方式。我们个人也可以有所举措，例如只消费能够持续捕捞的鱼种，减少对塑料的使用，参与清理海滩垃圾。我们可以增进了解、加大宣传、积极参与海洋活动。

《青少年海洋科普手册》将为你打开一扇关于海洋的新大门：书中不仅展示了众多令人惊叹的海洋奇观，也介绍了海洋为我们做了什么，我们能为海洋做什么，以及人们为了保护海洋开展的一些工作。在手册的最后一部分，重点介绍了世界各地年轻人开展海洋项目的一些成功案例，希望你能从中获得灵感，投身到海洋开发和保护中。

阿尔尼·马西森
（Árni Mathiesen）
联合国粮农组织（FAO）渔业及水产养殖司助理总干事

斯蒂芬·德霍拉
（Stephen de Mora）
普利茅斯海洋实验室 主任

布劳里奥·费雷拉·德苏扎·迪亚斯
（Braulio Ferreira de Souza Dias）
联合国《生物多样性公约》（CBD）执行秘书长

“我们希望这本《青少年海洋科普手册》可以帮助你认知蓝色海洋世界的价值——数以亿计生活在沿海地区的人们依靠海洋得到食物、工作、繁荣和幸福。本手册展示了我们为海洋可持续发展所做的工作，也希望这些工作能获得你的支持和认可。如果你也想为海洋做点什么，那么就请加入我们吧！”

“海洋是一个充满趣味和挑战的地方。海洋通过贸易、历史和气候将世界联系起来，无论现在还是未来，海洋资源都属于全人类，所以认知海洋是我们所有人的责任。本手册将向世界的未来——青少年们，介绍海洋的相关知识以及我们对海洋的热爱与激情。”

“正如《青少年生物多样性科普手册》邀请青年人学习并采取行动拯救生物多样性一样，《青少年海洋科普手册》也希望能够号召更多的青少年学以致用，采取行动保护和开发我们的海洋。这不仅是为了我们这一代，更是为了子孙后代。”

联合国《生物多样性公约》和青年与联合国全球联盟大使

安谷（Anggun）

青年与联合国全球联盟大使

“我们需要找到一种方法来平衡我们的福祉与自然生态的健康。例如，吃鱼对我们非常有益，但吃太多的鱼对蔚蓝的大海无益! 海洋充当了运送大量重要货物的‘高速公路’，但我们的航运业可能会对海洋生物造成毁灭性的影响。那我们怎样才能在不破坏海洋的前提下从海洋中获益呢? 本手册将帮助你思考面临海洋复杂问题时如何找到最佳解决方案。”

卡尔·刘易斯（Carl Lewis）

青年与联合国全球联盟大使

“海洋、河流、湖泊、土壤、植物、动物和人类都相互依赖。这取决于我们人类如何去更好地与我们生存的自然系统和谐相处——而这取决于你的帮助来实现这一改变！当你浏览本手册时，请思考从中读到的自然生态系统是如何影响你的生活，以及你的生活如何影响它们。你能做些什么来让这段关系维持得更久？请指引我们！”

黛比·诺娃（Debi Nova）

青年与联合国全球联盟大使

“你喜欢在海滩或是海里享受美好时光吗？我非常享受！但海洋对我们来说远不止休闲娱乐而已——它给予我们食物和氧气，并为无数令人惊叹的生物提供家园。在说服你的朋友和家人保护海滩、海岸和海洋的同时，你也正在帮助保护地球上的生命本身！这正是我们值得为之奋斗的事业。”

爱德华·诺顿（Edward Norton）

联合国生物多样性亲善大使

“地球上的生命离不开海洋。大自然创造了海洋和陆地生态系统无与伦比的平衡，使得生物多样性极为丰富。除了世界渔业提供的生计外，仅旅游业和防御风暴的海岸环境服务价值，就已估算每年近260亿美元。然而即使这样，在保护这一宝贵资源方面采取的措施仍然太少。由于人类活动和管理不善，许多海洋物种已濒临灭绝，另有其他物种也面临着严重威胁。我们有能力且必须扭转这种走向毁灭的趋势，这将影响人类和地球数千年。如何应对挑战将决定我们这一代人未来几十年的命运。”

范妮·卢（Fanny Lu）

青年与联合国全球联盟大使

“海洋正面临多方面的威胁：过度捕捞、污染、气候变化……并且不幸的是，我相信你还能想到更多方面。但不要气馁才是最重要的：如果我们下定决心，我们就能扭转局面！我们需要一步一步地找到并推行解决方案。通过阅读本手册来理解海洋面临的问题，并决定你想在拯救海洋中扮演什么角色。”

莉亚·莎朗嘉（Lea Salonga）

青年与联合国全球联盟大使

“海洋令人惊叹，令人着迷。通过阅读本手册，你将感叹海洋生物这几千年来，为了在不寻常或艰难的条件下生存，所产生的不可思议（有时甚至疯狂的）的适应性。让我们确保我们在陆地上的行为不会对这个美丽但脆弱的水下世界造成不可挽回的伤害。”

纳迪亚（Nadéah）

青年与联合国全球联盟大使

“千里之行始于足下，小小行动保护海洋！例如，你可以少用塑料袋，试着只吃可持续捕捞的鱼类，或者确保购买对珊瑚友善型的防晒霜。你还能想出多少其他好主意？请把它们付诸实践，并说服尽可能多的人一起加入——在你没有意识到的时候，你就已经开始了一场行动！”

佩肯斯（Percance）

青年与联合国全球联盟大使

“海洋将我们彼此连接起来：数千年来，人们通过航海探索世界。但是你知道吗？海洋也通过数字方式将我们联系在一起。连接我们国际互联网的电缆大多数都是沿着海底铺设的！当你读到威胁海洋多个相互关联的问题时，请记住这一点：团结就是力量。为海洋发声，看看你能说服多少人加入你的行动！”

瓦伦蒂娜·韦扎利（Valentina Vezzali）

青年与联合国全球联盟大使

“你知道我们星球上被海水覆盖的面积比陆地还多吗？小小提醒一下，我们不要忽视大家周围的这片水体……海洋在水循环、营养循环、氧气供给、温度调剂和许多其他维持生命的要素中至关重要。生命始于水——让我们尊重这一点，养护我们世界的水。”

本手册和其他有趣的资源可从网址下载：

www.yunga-un.org

如何使用手册？

整本手册使用统一的图标提示来帮助你阅读。

你知道吗？

我们的世界充满了古怪而精彩的东西。

来看看这些有趣的东西吧！

你知道吗

发现更多！

知识框里面的信息能够帮助你思考影响海洋的问题。

人类和海洋

在很多很多方面，人类依靠海洋，人类也影响海洋，这些知识框探索人类和海洋之间的关系。

管理海洋

海洋是不可思议的资源。我们该如何管理海洋，既能造福人类，又有利于海洋中的生物？

研究海洋

了解科学家对海洋的认知以及他们研究海洋的工具和技术。

最后，当你看到黄色字体词汇的时候，这些词汇可以到附录的词汇表中查找更多信息。

部分
A

入门海洋

从太空鸟瞰地球

什么是海洋？

1

地球被略超过3.5亿平方公里的盐水覆盖，占地球表面积的72%，因此它获得了一个绰号：蓝色星球。

Kelly-Marie Davidson，普利茅斯海洋实验室

海洋是生命最重要的基础。没有海洋，地球就不适合人类、动物或植物生活。事实上，如果没有海洋，生命绝不可能在35亿年前开始！让我们来看看海洋及其不同区域，并回答为何大自然适合孕育生命这个关键问题。

五大洋

全球海洋由五个相互连通的海洋水域构成，这些水域通常被称为大洋。

澳大利亚大堡礁
©NASA

1 **大西洋：** 地球第二大洋，也是平均盐度最高的主要大洋。世界一半以上的陆表淡水排入大西洋。大西洋成功铺设了世界上第一条海底电缆，将北美洲和欧洲之间的通信时间从十天（一艘船横渡大西洋大约所需的时间）缩短到几分钟。

2 **太平洋：** 地球上最大的洋，其面积比所有陆地总和还要大，包含地球的最深处马里亚纳海沟（在西太平洋），其深度略超过11公里。

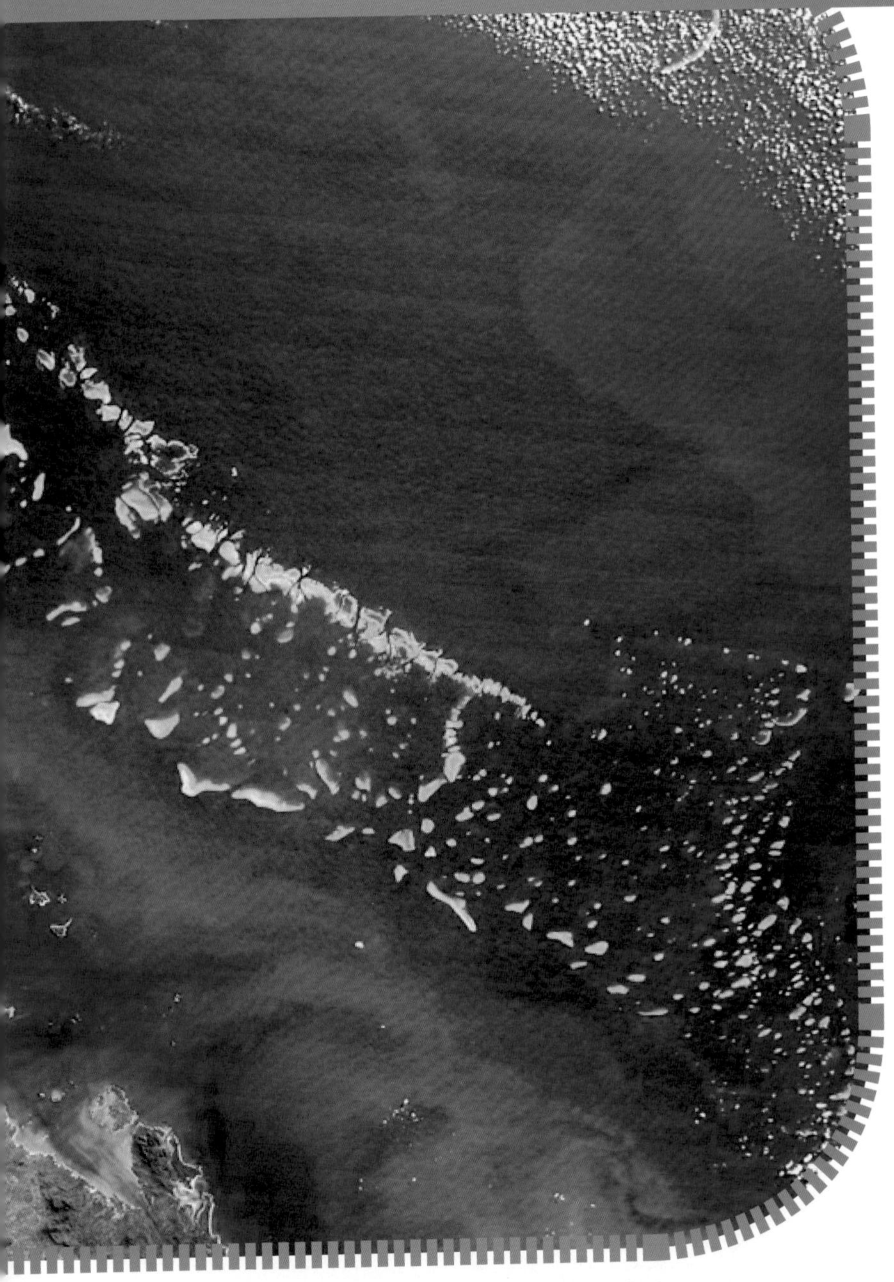

3 北冰洋：地球上最小、最浅的大洋。几十年之前，北冰洋在每年10月至次年6月期间几乎保持结冰。然而，气候学家现阶段预测，由于气候变化，很快北冰洋海冰可能在夏季会消失，在冬季也会显著减少。海冰面积在冬季和夏季相差约700万平方公里。

4 印度洋：地球上第三大洋。据估计，世界上40%的海上石油产量来自这片大洋。苏伊士运河的修建连接了印度洋和地中海，有助于将石油输送到世界其他地区。

5 南大洋：地球上第四大洋。关于这个大洋的边界认定目前还存在很多分歧，因为许多人仍然认为它只是太平洋、大西洋或印度洋的一部分。

海洋中有很多不止一面被陆地包围的各种区域地形，分别被称为海、海峡、洋盆和海湾。地球上有100多个小区域水体，被称为海，如地中海、黑海和黄海，以及一些同样有盐水并有着和五大洋相似特征的内陆海，如咸海和里海。

:: 大气中至少50%的氧气来自海洋，这意味着你每一秒的呼吸都来自海洋。

:: 海洋含有地球上约97%的水，我们的雨水以及最终使用的饮用水都来自海洋。

:: 海洋是地球上80%生物的家园：从巨大的鲸鱼和海豚到微小的浮游生物和细菌。但是科学家们相信仍有数百万种海洋物种有待发现！

:: 海洋平均深度约为4公里。

:: 海洋平均温度约为2°C，海水冰点约为−1.8°C。

:: 海水中含有近2 000万吨黄金！

:: 在海洋最深处，水压超过10吨/平方米，相当于一个人承受50架大型喷气式飞机！

:: 大洋中脊是目前已知宇宙中最长的连续山脉，位于水面之下，绵延64 000多公里。

:: 海面下有超过5 000座活火山。

:: 大堡礁是地球上最大的生物结构，长达2 000多公里，即使从月球上都能看到。

鲸鱼尾
©普利茅斯海洋实验室

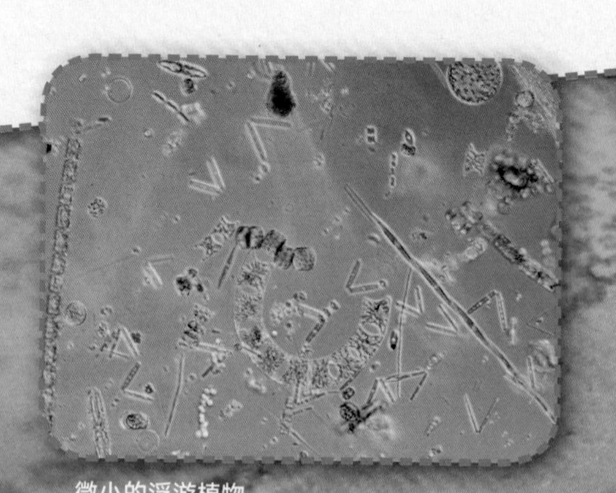

微小的浮游植物
©Claire Widdicombe／普利茅斯海洋实验室

为什么海洋看起来是蓝色的？

组成白光的各种颜色成分在穿透空气或水时会发生散射（分离和扩散）。蓝光比其他颜色更容易散射，所以蓝光从海洋表面反射回来，被我们眼睛所接受。漂浮在海洋中的微小颗粒物质也会影响海洋的颜色。例如，漂浮的植物（浮游植物）和动物（浮游动物）可以让海洋看上去更显绿，而深蓝色的水体则微型海洋生物含量较少。

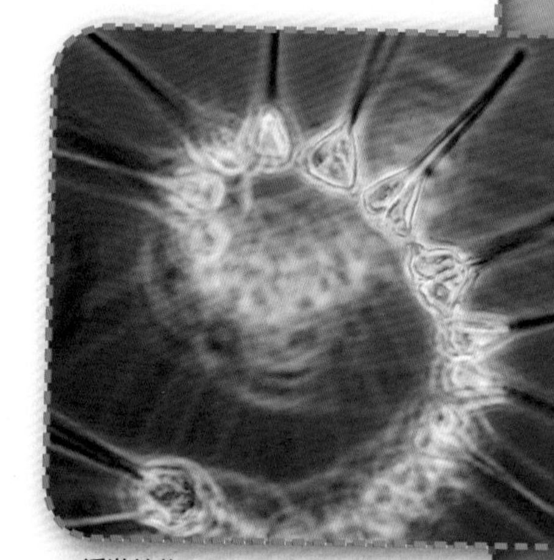

浮游植物
©美国海洋和大气管理局（NOAA）

背景图片
直升机在澳大利亚圣灵群岛上空航拍的大堡礁
©Sarah_Ackerman／世界气象中心（WMC）

关于盐

你知道吗

所有的水都含有无机盐。不同浓度的无机盐决定了海水尝起来有多咸，淡水包含的盐要少得多。

:: 在地球上所有的水中，只有大约4%是淡水。

:: 海水的盐度比淡水约大220倍。

:: 如果你能提取海洋中所有的无机盐（全部4 600万立方公里！），并将其均匀地分布在地球上，它将达到40层建筑物的高度！

:: 海洋中的大部分无机盐来自雨水和溪流对岩石和山脉的长期风化和侵蚀，但一些无机盐也来自海底以下的沉积物以及通过火山口从地壳逸出的物质。

地中海的盐堆
©Svetlana Guineva／Flickr

饮用海水

人类不能饮用海水，也不能用海水来灌溉农作物，除非对海水进行极其昂贵的脱盐处理（称为海水淡化）。海洋哺乳动物（如鲸鱼和海豚）必须适应它们所处的盐水环境。它们通常不直接饮用海水，而是通过食物来获取大部分水分，但是毫无悬念，大量盐分会进入到它们的身体系统。这些哺乳动物能够处理和释放体内多余的盐分，其办法往往是通过产生高浓盐度的尿液来排除盐分！

人类还没有进化出这种能力：如果你饮用了大量盐水，你的身体将会产生比你喝的水还要多的尿液，来排出这些多余的盐分。这将会让你更加口渴，并最终会导致脱水……

Gustave Doré为《古舟子咏》所绘制的插画

谜语

"水，到处都是水，却没有哪怕一滴可以喝。"你猜猜诗人塞缪尔·泰勒·柯勒律治在他1798年所著的诗《古舟子咏》中指的是什么水？

海洋分层

海洋是一个充满动力的复杂环境。透过水体向下，根据到达的光量来区分，我们可以看到三个主要水层或“区域”：

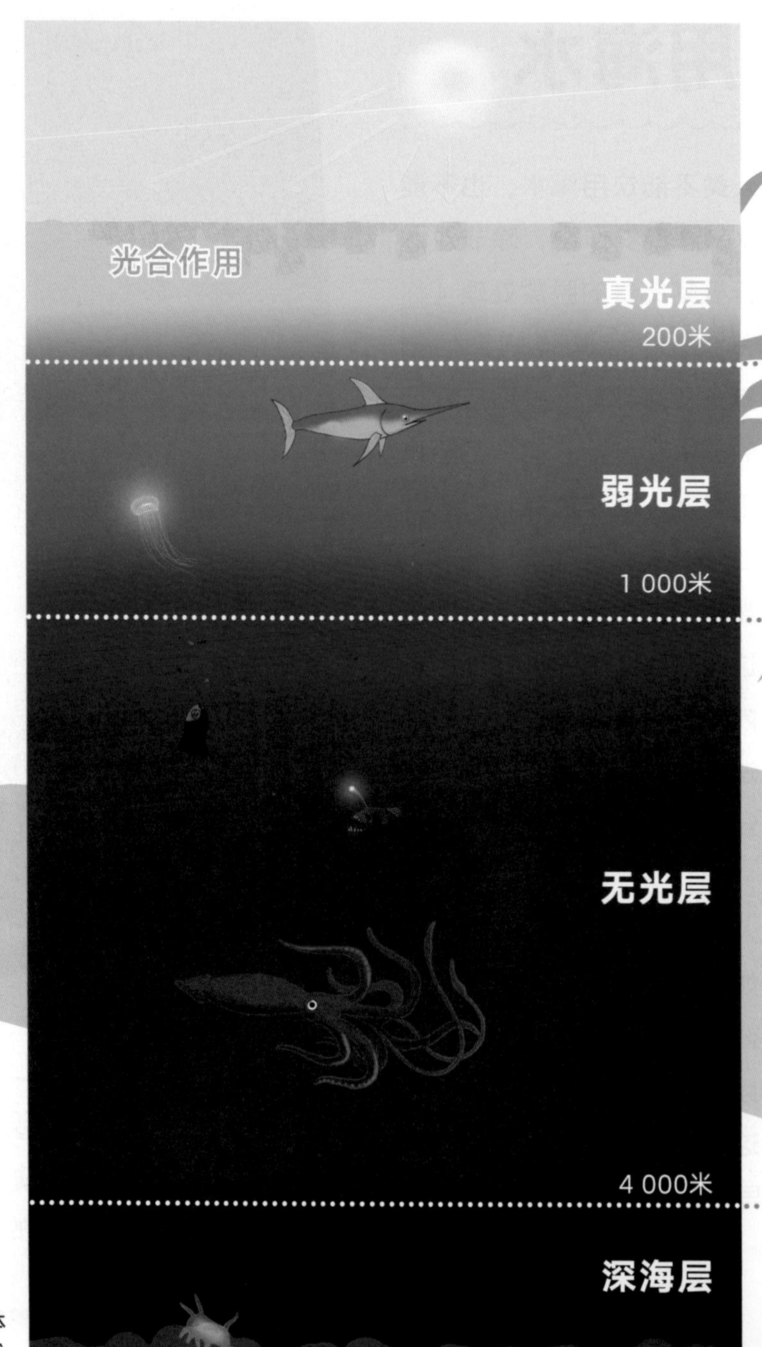

水体
©Emily Donegan／YUNGA

真光层

这是海洋表层，深度可达200米。这里有充沛的阳光让一些生物将太阳的能量转化为食物，即光合作用。进行光合作用的生物包括微型浮游植物、巨型海草和海藻。它们在海洋食物网中极其重要，因为它们为浮游动物、小鱼、水母和鲸鱼等生物提供食物。这些生物又被其他海洋动物如鲨鱼、海豚和金枪鱼吃掉。真光层里养育着大量的海洋生物。

海虾

©Matt Doggett／聚焦地球

弱光层

该层位于海表面以下200～1 000米，比真光层接收的光线更少，因此光合作用开始变得困难。在大约500米处，水中的含氧量也大幅减少（这种情况不同海域有所不同，在某些地区如阿拉伯海和秘鲁附近的东太平洋，100～1 000米深度之间的水体几乎没有任何氧气）。为了在这里生存，动物必须采用更有效的呼吸方式或减少运动来节省能量。一些生物白天会在弱光层躲避捕食者和太阳强光的伤害，直到晚上才游到真光层去觅食。生活在弱光层的动物包括箭鱼和能够生物发光的水母等。

荧光水母

©Sierra Blakely／世界气象中心

无光层

无光层位于海面以下1 000米及更深区域，这里的海洋漆黑一片，偶尔出现一些发光的生物，如灯笼鱼。这里没有植物生存。在这个区域生活的大多数动物以“海雪”作为食物，这是一种从上层落下的废弃物和死亡生物残体的混合物。巨型鱿鱼生活在无光层，而它们的捕猎者抹香鲸也会深潜到无光层。

深海层

深海层从海面以下4 000米处开始，一直延伸到海底。很少有生物能成功适应这个区域的低温、高压和完全黑暗的环境。那些能够成功适应的生物往往长得非常奇怪——完全黑暗的环境导致这些生物有许多是透明和无眼的！在这个深度生活的动物包括一些特有鱿鱼物种和棘皮动物，如蛇尾、能够游动的海参，以及“海猪”（一种特有的深海海参，因皮肤像猪一样呈微紫色而得名）。

闪光鱼

©Una Smith，美国国家海洋和大气管理局／世界气象中心

各层中的不同区域

各个海洋层中也包含许多不同的栖息地，养育着各种各样的动植物。栖息地指的是经常出现生物的当地环境。

真光层里有许多为人所熟知的栖息地，如珊瑚礁、红树林、河口和基岩海岸等。

人们曾经认为，在真光层以下存活的生命非常少，海底是一个平坦、毫无生机的地方。然而我们现在知道，那里实际上有一些非常有趣的栖息地，包括深海海沟、海山、热液喷口和冷泉等。

藏匿在海床的欧洲龙虾
©Matt Doggett／聚焦地球

继续阅读，了解更多

结论

难怪我们称地球为“蓝色星球”——海洋几乎覆盖了地球表面的72%！它还养育着地球上绝大多数的生命——事实上是80%！这包括许多特别且奇妙的生物（看看书末“附录A 水族馆之旅”来一睹迷人的水下动物），也包括人类本身。

在本书的帮助下，你将了解人们有多么依赖海洋。你将看到各个海域和生活在该区域的生命如何相互联系，创造出一个复杂的生态系统。你会发现这个生态系统非常脆弱，而且我们弥足珍贵的海洋正面临着可怕的威胁，其中很多来自人类。你还会学到更多关于这些威胁的知识，以及保护海洋对于可持续未来的重要性。

一起努力拉渔网

海洋为我们做什么 2

海洋是我们的生命之源！

Caroline Hattam, 普利茅斯海洋实验室

我们已经提过，没有海洋，生命就不可能存在。人类与海洋的关系远比我们以为的要更加密切。本章介绍了人们利用海洋的各种方式，并解释了为什么保护海洋是我们每个人都需要承担的责任。

我们如何利用海洋？

我们利用海洋的所有部分：边缘、表层、海床和海洋中层。

来自北弗里亚群岛的捕蟹船在北海工作
©Jom／世界气象中心

捕捞和水产养殖

目前约有5 600万人从事捕捞和水产养殖。此外，有更多人从事与之相关联的行业，如水产品的搬运、加工和配送。总体而言，捕捞和水产养殖支撑着6.6亿～8.8亿人的生计——相当于世界人口的12%。人类食用的鱼类和贝类中，超过40%来自水产养殖，其中大部分在海岸带（沿海称为海水养殖）。

德国最大的油田MITTELPLATE平台
©Ralf Roletschek／世界气象中心

自然资源

海上石油和天然气钻井平台目前提供了全球30%的石油产量和50%的天然气产量。海砂和砾石被用于建筑业，人们对在海底开采铁、铜、锌、金和银等金属的兴趣也越来越大。

海上风力涡轮机
©Steve Fareham／世界气象中心

可再生能源

人们正在开发波浪和潮汐发电设备。海上风电场、海藻制成的生物柴油也在研发之中。

澳大利亚黄金海岸天际线
©Mike R／世界气象中心

居民区

现在，世界上约60%的人口生活在海岸带（距离海洋200公里以内），世界上21个特大城市（人口超过1 000万的城市）位于沿海。

潜水员检查水下电缆
©CTBTO委员会

通信

海底电缆对国际通信至关重要。国家之间的互联网流量99%通过海底电缆传输！

圣克鲁斯冲浪者
©Robert Scoble／世界气象中心

娱乐休闲

据估计，全世界每年有1.21亿人参加捕鱼、观鲸和潜水等海洋娱乐活动。这个行业被认为每年价值超过470亿美元。

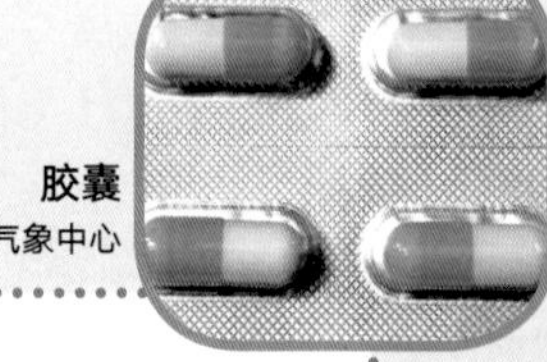

胶囊
©阿内／世界气象中心

药物

科学家发现，许多海洋无脊椎动物能够生成抗生素、抗癌和抗炎物质。马蹄蟹、海藻和海洋细菌也被发现具有有用的医学特性。

交通贸易

海运承载了世界贸易的90%！客运渡轮也是很受欢迎的交通方式。仅在英国，2011年就有2 110万人通过海路往返英国。

旧金山集装箱货船
©NOAA／世界气象中心

观赏资源

海洋观赏资源（如观赏鱼、珊瑚和贝壳）的全球商业估计每年市值在2亿～3.3亿美元。全世界拥有海洋水族箱的人估计多达200万人。

小型业余水族馆
©Aleš Tošovský／世界气象中心

健康海洋，健康美食

Jogeir Toppe，联合国粮农组织

寿司
©气旋小组／世界气象中心

今天，平均每人每年消耗19千克鱼（资料来源：联合国粮农组织，2012）。海洋食物对全球粮食和营养安全非常重要，因为食用海鱼和其他海鲜具有独特的营养和健康益处。鱼是健康饮食的关键元素之一，它可以为我们提供优质蛋白质——但这不是海洋食物给我们的唯一重要营养！大多数海鲜都富含健康的微量营养素（如矿物质和维生素）以及健康的脂肪（你可能已经听说过ω-3脂肪酸）。除了鱼之外，甲壳类、双壳类和海藻、海带等植物也为我们提供这些营养和微量营养素。

蛋白质

为什么蛋白质如此重要？我们身体每个细胞都需要蛋白质。蛋白质有助于构建和修复我们身体的组织（肌肉、骨骼、器官、皮肤和头发），是凝血、抗病和产生包括激素在内的许多物质所必需的

材料。蛋白质对于儿童、青少年和怀孕期间的健康和发育尤为重要。你现在相信了吧?

全球人口食用的动物蛋白约有17%来自鱼类。然而，在如西非或亚洲的一些国家，这一比例要高得多（通常为50%及以上），鱼类是当地饮食的重要组成部分。

脂肪

你知道你的大脑基本上是由鱼油组成的吗？嗯，这有点夸张，但海鲜中发现的重要脂肪酸（被称为“长链ω-3脂肪酸”）对人类大脑的健康发育很重要，对婴儿和发育中的儿童尤为重要。这也是为什么孕妇或哺乳期的母亲要保证鱼类食物的摄取：这丰富了婴儿获得的食物。

许多植物油也含有ω-3脂肪酸，但它是一种不同的ω-3脂肪酸（称为α-亚麻酸），长度较短，需要转化成更长链的形式后，我们的大脑才能真正使用它。因此，相较于鱼的ω-3脂肪酸来说，植物油ω-3脂肪酸更难被大脑吸收。

海鲜中的ω-3脂肪酸对成年人的大脑也有好处：科学家发现，精神障碍疾病例如抑郁症和痴呆症，在海鲜食物充足的人群发生的可能性更小。

不仅我们的大脑，我们的心脏也受益于脂肪酸：它们有助于将致命的冠心病风险降低36%。理想情况下，儿童的饮食应该包括每天150毫克的长链ω-3脂肪酸，而成年人的饮食应该包含250毫克。

微量营养素

海洋食物也是维生素和矿物质等必需微量营养素的重要来源。对于可以整体食用的小型海鲜（头、骨头和所有部分）来说尤其如此，它们可以是维生素（如A和D）和矿物质（包括碘、硒、锌、铁、钙、磷和钾）的极佳来源。有趣的是，不同物种的鱼，甚至同一种鱼的不同部位，都可能含有非常不同类型和数量的微量营养素。

全世界有数亿人因为缺乏微量营养素而患病，特别是发展中国家的妇女和儿童。例如，世界卫生组织（世卫组织）的最新统计数据显示：

∷ 全世界有超过2.5亿儿童面临缺乏维生素A的风险，这可能会导致失明或致命；

∷ 2 000万人的精神健康因缺碘而受到影响（与长链ω-3脂肪酸一样，碘对健康的大脑发育至关重要）；

∷ 20亿人（占世界人口的30%以上）缺铁，这可能会使他们长期虚弱和头晕，严重时会导致死亡；

∷ 每年80万儿童的死亡可归因于缺锌。

许多国家农村地区的饮食可能不是特别多样化（意味着人们吃很多相同的食物，因为没有太多的选择）。这意味着，对这些人群来说，拥有良好的、可提供所需基本营养的食物来源至关重要——而海鲜是其中许多微量营养素的理想来源。

饮食习惯

我们已经看到，用鱼类代替营养价值较低的食物将是使人们更健康的一个好方法，也能为目前正处于饥饿的人群提供营养食物。同时，我们也需要确保海洋环境健康。不幸的是，在过去的几个世纪里，对鱼类的需求增长如此之快，以至于受欢迎的鱼种（如金枪鱼、鳕鱼或三文鱼）的数量无法跟上需求，并且正在减少。可持续的海水养殖（海水养鱼）是避免过度捕捞野生海洋渔业资源的解决方案之一（在第4章中可了解更多关于海水养殖的内容，在第10章中可了解更多关于过度捕捞的内容）。解决方案的另一办法在于消费者：我们每个人都可以帮助海洋生态系统，不购买面临过度捕捞压力的海洋食品，而是选择具有可持续资源的海洋食品。

了解更多：

请点击联合国粮农组织渔业司网站：www.fao.org/fishery/en。

水产市场出售的鱼
©Kelvin Boot

海洋还为我们做了什么?

除了给我们提供食物、原材料、工作、交通、能源和休闲，海洋还做了许多我们认为理所当然的事情。海洋为人类提供的这些好处被称为生态系统服务功能。例如：

海洋调节我们的气候：我们已经说过，我们从海洋中获得氧气，但你是否知道海洋同时还吸收了四分之一人类排放到大气中的二氧化碳？这使得海洋成为一个“碳汇”（储存二氧化碳的地方）。如果没有海流的加热和冷却作用，地球的温度将非常不稳定，无法维持生命。

海洋影响我们的天气：当海洋被阳光加热时，表面水体蒸发，然后凝结形成云，构成水循环的一部分，让我们获得雨水和饮用水。它还协助产生风、雷暴和飓风，并协助形成让南亚数百万人赖以生存的季风降雨！

海洋处理我们的许多垃圾：海洋稀释和分散我们的垃圾，因为海洋动物可以掩埋它们，吸收它们到自己体内，或者将它们分解成无害的物质。这可能对我们有好处，但会对海洋生物造成巨大的伤害：不幸的是，人类越来越把海洋当成垃圾场。你可以在手册找到更多关于海洋和污染的内容。

海滩上的孩子们
©voldevis / www.stockvault.net

海上龙卷风
©NOAA

海洋影响我们的健康和福祉：你有没有注意到你的医生或牙医手术室里有一个水族箱？众所周知，水可以缓和人们的焦虑。靠近蓝色空间，例如海洋，对我们心理健康有积极的影响。

海洋是文化灵感的来源：海洋和海洋中的生物多样性是艺术、诗歌、小说、歌曲和民间传说的灵感来源。你能想起一个受海洋启发的故事、歌曲或艺术品吗？

神奈川冲浪里
©Katsushika Hokusai（1829—1832）

在海床上挖洞的海鳗
©Efraimstochter,www.all-free-download.com

为什么我们需要保护海洋？

海床的垃圾袋
©Matt Doggett／聚焦地球

各种人类活动正在威胁着海洋：

沿海开发： 房屋、酒店、道路和工业用地的建设导致许多沿海生态系统退化，如珊瑚礁、海草草甸和红树林，然而正是这些生态系统帮助保护脆弱的海岸线和生活在那里的居民免受风暴潮的影响。

污染： 海洋中大约80%的污染来自陆地，海岸带特别容易受到污染物的影响。随着海洋中形成巨大的漂浮垃圾块，塑料垃圾也特别成问题。例如，太平洋垃圾带是一个巨大的漂浮垃圾堆，卡在北太平洋的一个环流（圆形洋流）中。

捕捞： 世界70%的渔业物种要么已经被过度捕捞（捕了太多的鱼），要么如果捕获率继续增加就会被过度捕捞。一些捕捞活动正在破坏脆弱的海洋生态系统，例如海底拖网捕捞，这破坏了海床。

你知道吗

我们每年向海洋倾倒的垃圾大约是我们每年渔获量的3倍……每年从公路流入海洋的油比溢油事件更多。

水产养殖： 全球水产养殖的增加虽然是重要的食物来源，但在一些地方导致了沿海栖息地的退化和丧失、污染、外来物种的引入以及疾病在人类和动物中的传播。

入侵物种： 海洋物种作为秘密的“偷渡者”随货物船运输到世界各地，它们通常附着在船体上或装在压载水中。当它们进入新环境时，它们会给本地物种带来问题，因为它们可能更擅长寻找食物和庇护所。

气候变化、海洋酸化和缺氧： 不断变化的海洋温度、酸度和含氧量正在影响海洋物种的分布及其生长和繁殖能力。这对海洋中壮丽但脆弱的珊瑚礁产生特别严重的影响，这些珊瑚礁支撑着大量海洋生物。

入侵物种狮子鱼
©Alexander Vasenin／世界气象中心

海底的碎屑
©NOAA

玻利维亚的水产养殖场
©Christopher Walker／世界气象中心

谁负责，正在做什么？

各个国家有责任保护其领海和专属经济区内的海洋，可以管理海洋渔业，设置海洋保护区，控制沿海开发和污染。

在公海上，没有特定的国家“主管”，而是由许多不同的国际机构来制定规则。例如，国际海底管理局负责开发深海矿产资源和保护海底免受采矿活动的破坏；国际海事组织正在努力减少入侵物种的传播和控制污染；区域渔业管理组织制定捕捞规定。由于全球海洋相互连通，政府间海洋学委员会负责推动关于研究、服务和能力建设方面的国际合作与协调，以提升海洋和海岸带知识和管理。除了这些国家和国际活动之外，个人在保护海洋方面也可以起到作用。我们可以消费可持续的鱼类；减少对塑料的使用，这些塑料袋子和瓶子有可能最终漂进海洋；购买对海洋和其他水生生物安全的洁净产品；参与沙滩垃圾清理。参与的方式有很多很多，你可以在第14章找到更多的好点子。

海洋领地

由1994年生效的《联合国海洋法公约》（UNCLOS）界定：

:: 领海从海岸延伸12海里（22公里）；

:: 专属经济区从海岸延伸最大可至200海里（370公里）。

结论

所以，我们可以看到，没有海洋，我们就不会在这里！海洋不仅为我们提供食物、水、药物和其他资源，还提供了许多其他必不可少的“生态系统服务功能”：海洋确保我们的气候既不太热也不太冷，它吸纳了人类制造的垃圾，并为艺术、音乐和诗歌提供灵感。但是人类给海洋带来了太大的压力。气候变化和污染正在使海洋缺氧，改变海洋的温度和酸度，并威胁海洋宝贵的生物多样性。过度捕捞已使许多鱼类物种被列入濒危名单。人类在海岸附近的活动正在改变海岸栖息地。如果我们继续苛待海洋，我们将失去海洋对人类重要的帮助。但是现在你可以通过各种方式改变现状。请继续阅读，获取更多启发……

鱼的化石

海洋的历史

3

随着时间的推移，海洋见证了许多变化，并塑造了人类历史。

Kelvin Boot，普利茅斯海洋实验室

地球是独一无二的，因为它是太阳系中唯一一颗表面拥有大量液态水的行星。但是这些液态水是从哪里来的呢？

地球的水源

大多数科学家都认同，当温度和压力条件满足水以液态形式存在后，液态水就会开始出现在地球上：这应该是发生在地球形成后约5亿年，也就是距离现在的约40亿年前。但科学家不太确定这些液态水从何而来。

关于地球上的水是如何形成的问题，已经提出了很多理论：

其中一个被长期认可的理论是，当地球形成时，一些氢原子和氧原子在地球内部就已经结合成水分子，它们与火山喷出的岩浆一起被排出地球内部，到达地球表面。

#1

还有一些人认为，早期形成地球的宇宙尘埃中，就已包含已经完全成形的水，通过火山爆发再次来到地表。

#2

亚利桑那州巴林杰陨石坑
©世界气象中心

车里雅宾斯克陨石的两块碎片
©世界气象中心

麦克诺特彗星
©Fir0002-Flagstaffotos／世界气象中心

也有其他的理论，有些人认为彗星撞击将水带到了地球表面。在地球形成初期时，彗星撞击频繁发生。人们发现彗星主要成分是冰和岩石之后，便提出了这一理论。

#3

许多作为星际旅行者的小行星和陨石都携带水。但也有反对者提出，填满整个海洋，需要惊人数目的陨石带来的水才够！话虽如此，地球在长年累月的形成过程中，几乎不断遭受到陨石的撞击……

#4

因此目前仍无定论，上述来源都可能为地球上拥有的水做出了贡献。

海洋的演变

当我们看全球地图（或者更好的是看南极上空的卫星图）时，很明显今天的海洋是全球连成一片的水体。

在这个星球上人类出现的整个时期，海洋在大小、形状和覆盖区域上或多或少保持不变。在最近的地质历史中，随着冰期的交替，海洋有一些微小的变化（最近的一次距今上百万年！），但这些对全球海洋覆盖的总体区域影响不大。

另一方面，在过去的几十亿年里，海陆分布发生了很大的变化。我们对早期海洋及其在地球上的形态和位置知之甚少，因此

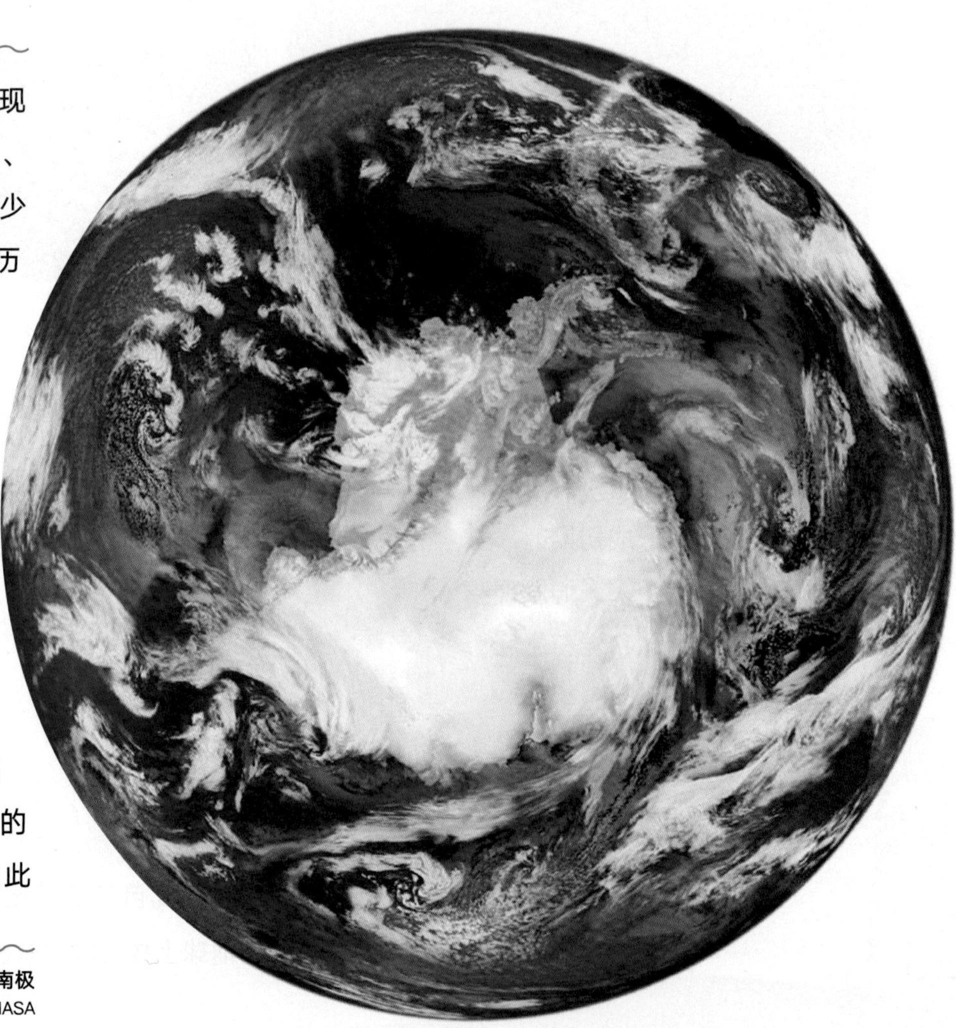

从太空俯瞰南极
©NASA

在绘制早期海洋地图时需要进行大量猜测。通过对远古残存下来的古老岩石进行复杂的化学分析，可以为海陆分布研究提供一些证据，但即便这样，很多数据也不准确。只有距今十亿年的时间范围内，人们才能有把握地给出海洋和陆地的相对位置。

伪栉虫属（三叶虫的一种）
©世界气象中心

你知道吗

有许多不同种类的证据证明了这样一种理论，即随着时间的推移，地球的陆块以不同的排列方式分开和重组。“地磁指纹”可以显示历史上地球磁场方向是如何发生变化的。在目前相隔数千英里的两个大陆上，存在着相同的古生物化石。只要仔细查看一下今天各大洲的形状，你也会对它们曾经是如何组合在一起有所认知。

南非鲁伊埃尔斯滨海路景色
©Danie van der Merwe／世界气象中心

超级大陆和海洋

地质学家认为，在整个地质时期，出现了一系列“超级大陆”。“超级大陆”不像今天这样的若干个大陆，而是只有一块被水包围的巨大整体陆地。然而，超级大陆出现多少次，何时出现，何地出现，这些问题仍存在诸多争议。

也许最广为人知、最广为接受的超级大陆是泛大陆及其周围的泛大洋。泛大陆存在于2.7亿至2亿年前，可以认为是一个以今天的各大陆为主体形成的巨大拼图。

特别容易想象，南美洲东岸与非洲西岸的海岸线相互

吻合，正是这种观察产生了早期的“大陆漂移”理论，即大陆不是固定在原地不动，而是在地球中漂移。大陆漂移撕裂了泛大陆（非常缓慢！），形成北部的劳亚古大陆和南部较小的冈瓦纳大陆，中间是特提斯海，后来演化成为特提斯大洋。

约1.8亿年前，第一个现代海洋开始形成。当时西北非洲和北美分离，形成了大西洋中部洋盆。大约4 000万年后，随着非洲和南美洲的分离，形成了南大西洋。大约在同一时间南亚次大陆、南极洲和澳大利亚分离，形成了印度洋。

北美和欧洲在大约8 000万年前分离，完成了地球现代海陆拼图的最后一块。

小鱼和鲨鱼
©Suzanne Redfern

不断变化的海洋

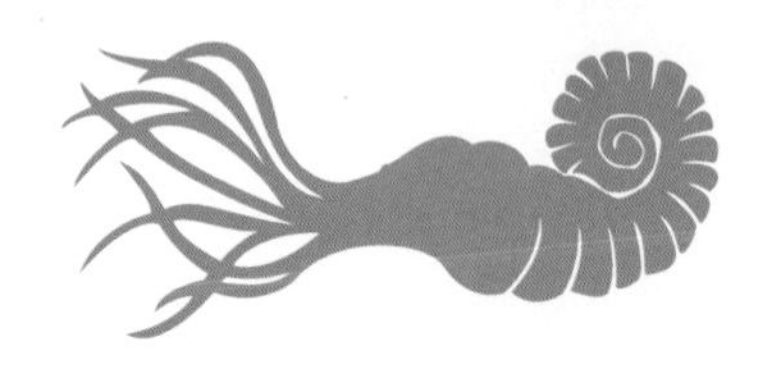

从2.5亿年前到6 000万年前的整个中生代地质时期，特提斯洋横跨全球。在这段历史时期，陆地上生活着巨大的古蜻蜓、恐龙，后期还出现了最早的鸟类和哺乳动物。

特提斯洋充满了生命活力，包括海洋爬行动物，如蛇颈龙和看起来像现代海豚的鱼龙。这是海洋化学和地质过程相对平静的时期，这些稳定的条件让海洋动物得以繁衍生息。

在软体动物中，有螺旋壳的古鹦鹉螺类演化出种类惊人的后代物种，历史长河中现在只遗留它们的壳化石，作为曾出现在地球上的线索。

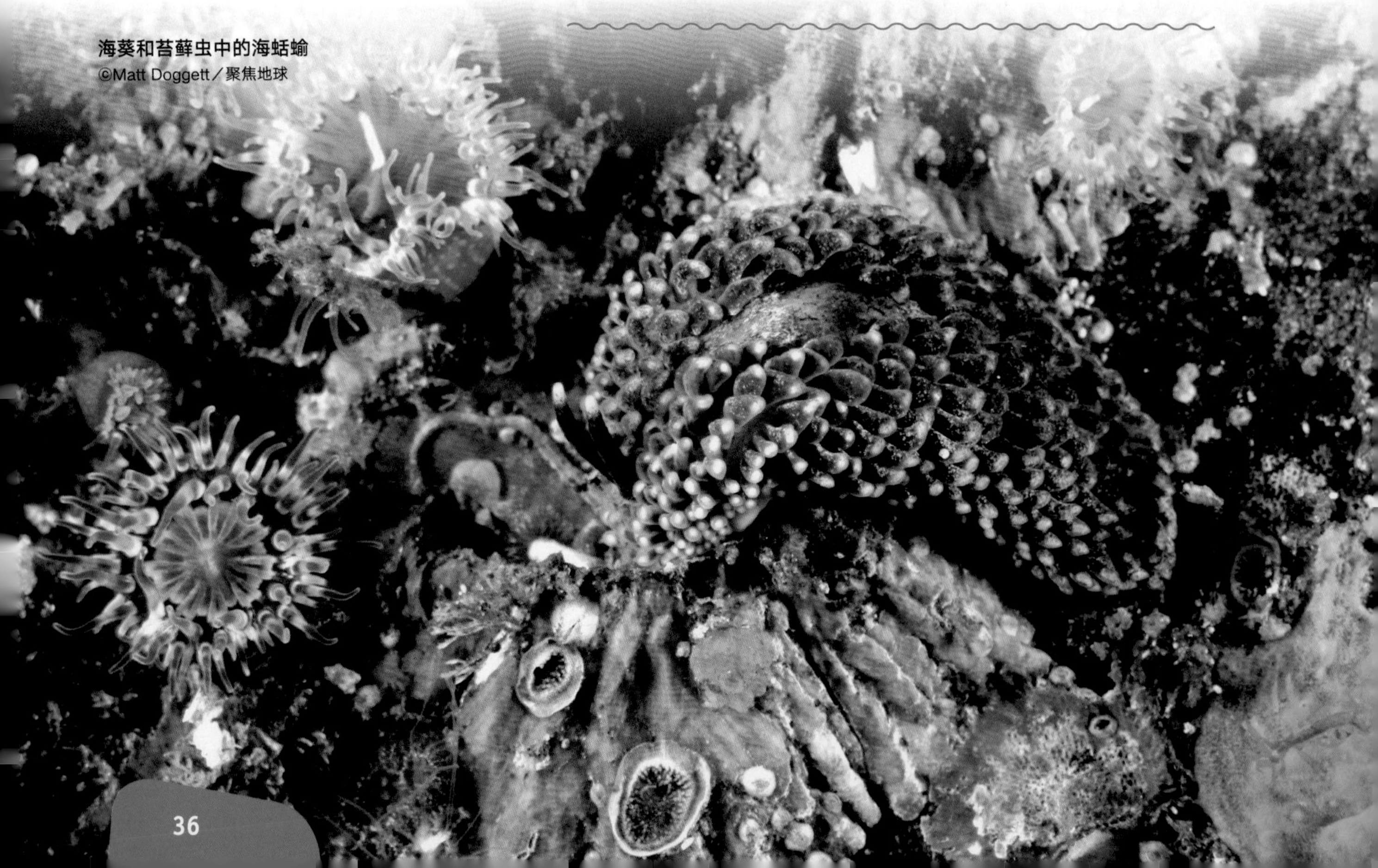

海葵和苔藓虫中的海蛞蝓
©Matt Doggett／聚焦地球

珊瑚也在温暖清澈的海水中繁盛生长，在全球甚至在现代靠近两极地区的岩石中遗留了它们曾经存在的证据，为大陆的移动提供了更多证据。

大约6 500万年前，地球的陆地和海洋经历了历史上最大剧变之一，结束了之前的稳定时期，也导致了大规模的生物灭绝，不仅灭绝了恐龙，也灭绝了高达70%的已知物种，包括：90%的藻类物种、98%的珊瑚、35%的棘皮动物和50%的海底生物。

并非所有海洋生物都受到了同等程度的灭绝：令人惊讶的是，90%的硬骨鱼种类幸存下来，但科学家也不知道其真正原因。

据估计，生物复苏至少经历了数万年（甚至可能多达200万年！）。但尽管地球恢复了生机，海洋却与以前大不相同。

这次生物灭绝是进化历史上的重要阶段（地球历史上曾有过四次大灭绝），这标志着一个时代的结束和现代海洋的开始……

黄边裸胸鳝；扇珊瑚和海星
©Matt Doggett／聚焦地球

背景图片
灰海豹
©Matt Doggett／聚焦地球

人类历史上的海洋

人类和海洋

相对于海洋，人类历史极为短暂。但海洋对我们来说一直很重要：海上活动早已成为我们人类历史的一部分。

早期人类被认为是沿着海岸从非洲迁移到亚洲的，在非洲西北部和西班牙发现了非常相似的石头切割工具，这表明早在50万年前，人们可能就已经穿越了直布罗陀海峡（海平面最低时将近10公里）。也有证据表明，人们在地中海东部的海洋上航行已达10多万年。

4万年前，东南亚地区就已经出现了更长距离的跨海航行，1 000多年开始了长途航海，比如从现在的印度尼西亚航行约1万公里到达马达加斯加。

大约同一时期，中国商船也在和邻国进行航海贸易。到了15世纪，中国商船开始航行至东非和阿拉伯湾。15世纪也是欧洲航海史上的地理大发现时代，包括克里斯托弗·哥伦布的美洲之旅，以及环球贸易的航海探索。

捕捞一直是海上活动的一个重要部分。近岸捕捞被认为始于大约14万年前，而人们在船上捕捞的证据可以追溯到大约4万年前。如今，渔业捕捞是海洋中最广泛的人类活动，包括在沿海水域使用独木舟和捕鱼矛，以及在公海利用先进的加工船进行捕捞，并由小船队对渔获物进行处理。

克里斯托弗·哥伦布

今天，我们对海洋的利用更加广泛，而且还在不断增长中（如第2章所述）。问题是，我们对海洋的许多利用正在快速改变海洋自身的特性、改变生活在海洋中的动植物，而且这比任何自然产生的、长期缓慢发生的变化都要快得多。在接下来的章节中，你可以了解更多关于海洋变化的知识，以及我们可以如何采取行动来保护海洋和海洋生物。

结论

海洋的历史就是地球的历史。在海洋存在的整个历史过程中，海洋和大陆板块的格局一直在变化。尽管如今你看到的海洋与几百万年前的海洋大不相同，但是海洋生物在不断变化中（有些甚至是灾难性的剧变中）幸存了下来。

人类也是这段历史的一部分，自从人类物种在地球上进化出现以来，人类一直依赖海洋，把它作为食物来源，用它来进行贸易、运输和开发。这种不断增长的利用正在一次又一次改变海洋，而且这种改变可能不会让海洋变得更好。

部分

海岸带
——通向海洋之门

4 海陆交汇区域

5 沿岸水体和海床

6 河口内部的隐秘世界

7 潮间带的生物

8 红树林和盐沼

9 珊瑚礁和海草床

威尔士巴德西岛

© Adrian Kingsley-Hughes / Flickr

海陆交汇区域

4

海岸带是陆地、人类和海洋之间的交汇处。在这里，没有任何东西能保持不变……

Caroline Hattam，普利茅斯海洋实验室

海洋的不断变化、陆地和河流不断提供的构建材料，以及不断增加的人类活动，这意味着海岸带一直处于变化状态中。这一章将向你介绍这个多样且充满活力的环境、海岸带的生物，以及我们如何影响它。

海岸带区域往往营养丰富，能够养育大量种类繁多的海洋生物。海岸带对人类来说也特别重要，它塑造了我们与海洋的关系。海岸线难以被精确地界定，因为每次潮汐涨落意味着从一个潮汐到下一个潮汐，海岸线永远不会相同。因此，我们用海岸带这个术语。在海岸带区域，陆地影响着海洋，海洋也影响着陆地。

冲浪者乘风破浪
©Brocken Inaglory／世界气象中心

热带海滩
©Matt Doggett／聚焦地球

你知道吗

全世界总共有大约356 000公里长的海岸线——大致相当于地球到月球的距离！

潮汐是如何运转的？

Tara Hopper，普利茅斯海洋实验室/海洋教育信托基金

海平面不是恒定的。随着时间的推移，海平面会以一种有节奏且完全可预知的方式上升和下降（也称为涨潮和落潮）。高潮指的是潮水尽可能涌聚海滩的时刻，而低潮是可以看到最大面积海滩的时刻。潮汐水位高度的这种规律性变化——潮周期——是由月球绕地球运行和地球绕太阳运行时产生的天体引力所造成的。尽管月球比太阳小2 700万倍，但因为它比太阳离地球近400倍，所以月球的引潮力最大（是太阳的两倍多）。

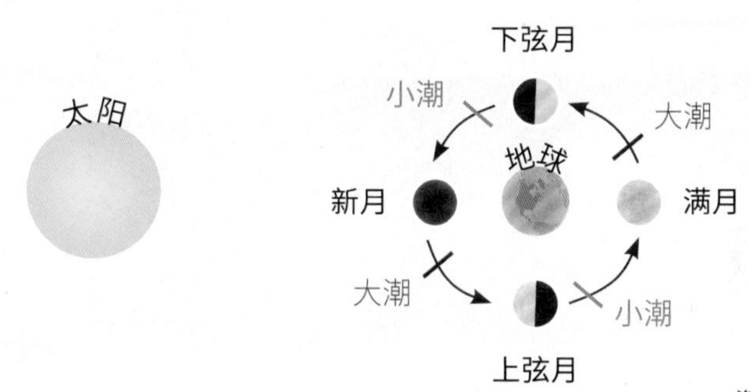

资料来源：YUNGA。

海滩被潮汐淹没和未被淹没的面积，每天都不一样。特别高和特别低的潮位（大潮）发生在满月和新月时，因为这时太阳和月亮的引力叠加在一起。小潮发生在大潮之间，高潮和低潮的差别较小，这是因为小潮发生在太阳和月亮相对地球彼此垂直的时候，互相稍微抵消引力影响，减小了涨落潮的差异。从大潮到小潮的转变是渐进的，潮差（高潮和低潮之间的差异）每天都在变小（随着小潮向大潮转变时则相反，潮差每天都在渐渐变大）。

潮汐的运动蕴含着大量能量，人们越来越想要利用这点来产生电能：通过挡潮闸，利用高潮和低潮之间的高度差，或者利用由潮流速度驱动的潮流涡轮机。

丰富性和多样性

陆地和海洋之间的特殊关系导致世界各地海岸带形成了各种不同的栖息地。这些，包括珊瑚礁和海草床，红树林和盐沼，河口和三角洲，以及基岩、沙质和淤泥海岸。海床本身也是一个非常重要的栖息地，为在其表面生活的海洋生物提供了家园，甚至为其底下在几厘米（在某些情况下是几米）深的淤泥或沙砾中的海洋生物也提供了家园。

从左到右：

低潮时露出的潮间带泥滩
©Walter Siegmund／世界气象中心

安哥拉海岸的沙质海岸
©Alfred Weidinger／世界气象中心

裸露的基岩海岸
©N. Aditya Madhav／世界气象中心

壮丽的多汊道三角洲，低潮时呈现红色和绿色植物群。阿拉斯加库克水道卡契马克湾
©NOAA

红树林
©Matt Doggett／聚焦地球

从左到右：

在海藻林里的潜水员
©Ed Bierman／世界气象中心

海草场
©Daul Asman和Jill Lenoble／世界气象中心

潮间带的潮潭
©Brocken Inaglory／世界气象中心

巴尔米拉环礁的珊瑚礁生态系统
©Jim Maragos／美国鱼类和野生动物管理局

从左到右：

白头船鸭
©CHUCAO／世界气象中心

新西兰黑白海豚
©James Shook／世界气象中心

鲭鱼群
©NOAA

你会发现，根据所处水深、水温和气温、经受海浪的强弱、湍流、阳光强度、可用的营养物质、盐度（咸味）、溶解气体和酸度水平等，海岸带生活着不同的生物。

一些海洋物种被认为是世界性的，即可以在世界各地找到，比如某些浮游生物。另一些被认为是地方性的，在特定栖息地和区域才能存活；例如，新西兰黑白海豚只在新西兰发现，而有一种不会飞的特殊海鸭只能在巴塔哥尼亚找到。许多海洋物种介于两者之间。例如，鲭鱼遍布整个北半球海洋，而帝珍珠鹦鹉螺分布在从日本到斐济、印度尼西亚、澳大利亚之间的广泛海域。

波罗的海浮游植物夏季藻华
©Richard Petry／Flickr

柏林水族馆的鹦鹉螺
©J. Baecker

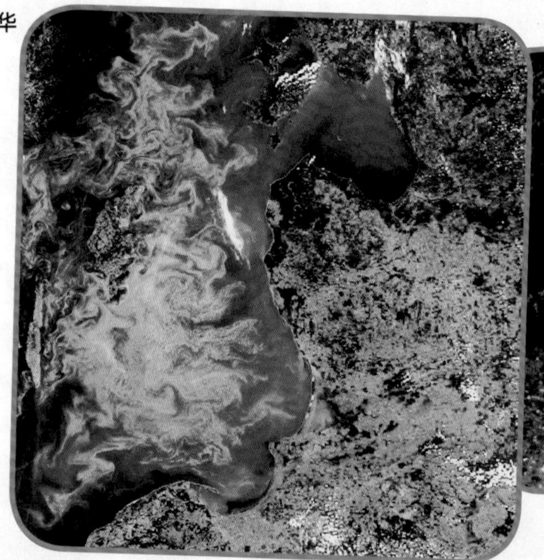

海鸟

Tara Hopper，普利茅斯海洋实验室/海洋教育信托基金

海鸟是我们沿海生物的重要组成部分。它们捕食甲壳类动物、贻贝、鱼类和浮游生物，因此海岸带和浅水区是它们重要的觅食地。海岸线也为海鸟提供了重要的繁殖栖息地。嘈杂的海鸟群体，包括海鸥、军舰鸟和鲣鸟，可以在悬崖壁架上筑巢。海鹦、企鹅、海燕和海雀等，在悬崖、沙丘和海滩顶部的沙子或土壤中挖洞。燕鸥类海鸟、信天翁等也在海岸边的树下筑巢。

一些海鸟物种能进行史诗般的季节迁徙：灰鹱在新西兰和北太平洋之间飞行60 000多公里往返迁徙，北极燕鸥在北极和南极之间迁徙飞行的距离也差不多。其他鸟类（例如军舰鸟和信天翁）并不进行固定的季节迁徙，而是在寻找食物的过程中在海洋上飞行数万英里[①]。

在这些长途飞行者活动范围内任何地方的人类活动，都可能会对这些海鸟造成影响，例如，觅食地猎物的消失，繁殖栖息地的破坏，或人类休闲活动的干扰。因此，需要国际协定来确保海鸟得到充分保护。这种国际合作的一个重点领域是减少渔具（特别是长线类渔具）对海鸟的误捕。可以通过具体协定来约束，如联合国粮农组织《负责任渔业行为守则》、国家行动计划和区域渔业管理组织，从而减少渔具（特别是长线）中海鸟副渔获物。

海鹦在水下游泳
©Matt Doggett／聚焦地球

鸟巢中的幼年鹱科
©Matt Doggett／聚焦地球

背景图片
海鸟群落
©Matt Doggett／聚焦地球

① 英里为英制计量单位，1英里≈1.609千米。——编者注

人与海岸

大多数人只能在海边看着海洋，人类在海洋中的大部分活动都是在海岸进行。第2章介绍了海洋的许多用途，例如捕捞、休闲娱乐、运输和商业。

几千年来，人们一直在使用海岸，这种持续的使用改变了海岸及其生物多样性。近几十年来，随着人口的增长，越来越多的人生活在海岸带。因此，人类对海洋资源和海岸的依赖有所增加，许多脆弱的沿海栖息地生态环境正受到人类活动威胁，甚至因此消失。

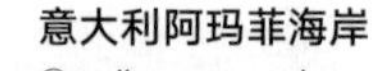

意大利阿玛菲海岸
©wallpaperpassion

海水养殖

José Aguilar-Manjarrez、Alessandro Lovatelli、Doris Soto和Jogeir Toppe，联合国粮农组织

随着世界人口的持续增长，我们对淡水资源的竞争也越来越激烈。到2050年，预计地球将需要养活92亿人。为了满足如此大的食物需求，我们可以选择海洋，但我们不太可能持续增加对野生鱼类的捕捞（详见第12章中关于过度捕捞的更多内容）。相反，海洋养殖，也被称为“海水养殖”，是一个有前景的选项。通过扩大海水养殖业，我们可以收获足够的健康食物来养活不断增长的人口。

术语“水产养殖”和“海水养殖”

术语“水产养殖”和“海水养殖”都与在封闭环境中饲养水生生物有关。你可以认为类似于农民如何耕种玉米或牧养一群山羊。“水产养殖”是指在淡水和盐水环境中生产进行的所有鱼类和贝类生产的总称。“海水养殖”是水产养殖的分支，特指在海洋（盐水）环境中进行的水产养殖。大多数海水养殖场都在离海岸不远的近岸水域。

土耳其伊兹密尔湾金鲷养殖笼的喂食时刻
©Ozgur Altan

提供生计

海水养殖业已经在世界各地广泛开展：涵盖93个以上的国家和地区，养殖的海鲜物种包括数百种。每年生产超过2 300万吨海鲜，这还不包括海洋植物（海藻）！

海水养殖目前占人类食用

养殖网箱维护
©Oceanspar

鱼类总量的17%。对于更多的国家来说，发展其海水养殖具备潜力，很有前景。

它是如何发展的呢？海水养殖技术在过去的30年里有了很大的发展。现在可以在离海岸不远处的漂浮网箱或水下网箱中养殖海鱼。这些网箱有助于避免恶劣天气条件的潜在破坏力，并最大限度地减少海水农场养殖对其他用海者的影响。一些养鱼场甚至使用远程水下摄像头和专用计算机软件来实现自动喂食和鱼群监控，这既高效又酷！

让我们来看看三文鱼。大西洋三文鱼是养殖最多的海鱼（2012年，产量为140万吨）。你可能会感到惊讶——三文鱼不是一种淡水物种吗？不完全是。三文鱼是一种“双栖”物种，这也就是意味着它们在淡水环境中繁殖并度过它们的幼年阶段，然后迁徙到海里长到最大。商业三文鱼养殖几乎总是在海洋网箱中进行。三文鱼养殖户知道三文鱼的生命周期后，就可以像畜牧业养殖牛羊一样控制三文鱼的繁殖，生产数百万条三文鱼幼鱼。

养殖户还可以人工繁殖许多其他鱼种，以及许多甲壳类物种（如虾和蟹）、软体动物（如牡蛎、贻贝、鲍鱼）和海藻（如海带）。

问题和方案

	海水养殖潜在的问题	我们能够做什么
健康	水质、饵料、可能滥用的鱼药是否会导致海水养殖的鱼没有野生海鱼那么合适作为健康食品？	我们可以在养殖系统中监测和控制影响鱼质和营养成分的各种因子，这种可持续渔业实际上比消费野生鱼类更好。当然，我们必须确保养殖场遵循国际健康标准。
废弃物	在有限空间养殖大量的鱼类和贝类，势必产生大量排泄废弃物，可能会污染淡水、海水和地下水的供给。	• 有规律地改变网箱位置，让不同海域交替恢复，以免被过度使用。 • 选择混合式海水养殖，例如在养鱼区域同时养殖滤食性贝类（例如贻贝），吸收水中的有机废弃物。 • 也可以种植海草，因为它们可以吸收养鱼过程中产生的多余营养。
鱼类食物	大型食肉类鱼类（例如三文鱼和金枪鱼）经常捕食野生沙鳗和鳀鱼，增加这些野生渔业资源面临的压力。在某些情况下，这些养殖鱼类吃掉的鱼总量大于养殖鱼类自身总量。	整鱼之外的副渔获物和废弃物可以被用来制成鱼粉和鱼油来作为食肉类鱼类的饵料。饲养1千克鱼肉生长所需要的饵料比陆地动物低。因此，精心管理的海水养殖是鱼类食物可靠且可持续的来源。
栖息地	虾类养殖通常会为了制造养虾池而破坏红树林。	在许多有海虾养殖业的国家，正在开展禁止破坏红树林行动。

军曹鱼
©Daniel D. Benedetti

未来的鱼

未来我们能养多少鱼？这是一个很难回答的问题，答案取决于很多因素。对于一些单独的鱼类物种，我们有可能做出一些预估。例如，通过确定养殖军曹鱼的有利环境条件（如合适的水深、水温和水流速度）的海洋区域，并假设技术合适，从海岸到近海养殖场所在地点（如乘船）交通便利，则可以相当准确地预测产量。

扩大双壳类（如贻贝、蛤蜊和牡蛎）和海藻养殖规模也很有前景。而且因为双壳类是滤食性动物，也就是说它们会滤食海水中天然食物（比如微藻），不像大多数养殖鱼类（比如三文鱼）需要主动摄食，因此成本低很多！看起来在我们这片蓝色的大海洋中，海水养殖似乎有着无限的发展空间。然而，在沿海水域还有其他许多相互竞争的用海方式。需要制定全面的、相互协调的区域规划和管理，以确保有足够的空间提升可持续性的海水养殖增长，这需要考虑整个生态系统。

了解更多：

:: 打造一个养鱼的木头笼子：
www.fao.org/docrep/018/i3091e/i3091e.pdf

:: FAO渔业：
www.fao.org/fishery/en

结论

不断变化的海岸带是许多生命的家园。毫无疑问就像磁石一样，海岸带用它的美丽、资源和启示吸引着人类。然而，海岸带是脆弱的，需要我们的保护，以确保在将来能够让人类持续受益。

接下来的五章分别介绍海岸带不同的栖息地，讨论这些栖息地的重要性和人们对它们的利用。这些章节也会着重讨论人们如何改变海岸带和海洋区域，正在采取什么措施来管理海洋的变化，以及在某些情形下对海洋栖息地的保护。

海床充满生机的珊瑚礁

5 沿岸水体和海床

沿岸水体是海洋中最具生产力和多样性的区域，拥有各种脆弱而独特美丽的栖息地，如河口、基岩海岸、海草床、红树林和湿地；它们是海洋中的雨林。

Ana Queirós，普利茅斯海洋实验室

沿岸水体和海床是海洋和海底的浅水区部分，是陆地和外海大洋之间的过渡地带。这些栖息地靠近陆地，深度可达200米，毗邻更深处的大陆坡。这些高生产力水体养育着大量物种，并为大多数海洋鱼类在某个生命阶段提供了栖息地。

我们可以在海底附近发现许多生物物种（例如在潜水时经常能看到），但也有大量物种生活在海底泥沙沉积物中，如鸟蛤、比目鱼、龙虾和沙蚕。这些穴居动物是海鸟、水獭、海牛甚至鳐鱼等生物的重要食物来源，在海洋食物网中扮演着非常重要的角色。

背景图片
斑点鹰魟
©John Norton／世界气象中心

从上至下：

抓鱼的鲣鸟
©Matt Doggett／聚焦地球

躲在海床的一条年轻鲽鱼
©Matt Doggett／聚焦地球

海獭
©Matt Doggett／聚焦地球

加州大龙虾
©Shane Anderson／世界气象中心

海蟹、海星和海胆
©Richard Shucksmith／聚集地球

营养循环和食物网

沿海水体很浅，意味着阳光能够照射到水体和海底的生物。阳光的存在，以及靠近陆地，为生物生长创造了适宜条件。这些生物就像陆地上的植物一样，依靠阳光生存。这些生物被称为光合生物（photosynthetic，光合作用来自希腊语，单词“photo”的意思是“光”；“synthesis”的意思是“放在一起”)，它们可以是非常小的浮游生物和细菌，也可以是大型海藻和海草。它们是所有海洋生物赖以生存的海洋食物网的基础。它们为海洋里的其他生物提供食物！

浮游生物
©Claire Widdicombe／普利茅斯海洋实验室

海草
©Toby Hudson／世界气象中心

这些重要的光合作用生物的生长取决于营养物质。有些营养物质来自河流和陆地，有些营养物质来自深海。

在正常的沿海水体，营养物质很快被光合生物消耗，这些光合作用生物生长和倍增，同时被其他生物摄食殆尽。最终所有这些生物都会死亡，它们的残骸会逐渐沉入海底，同时带走所有它们摄取的营养物质。

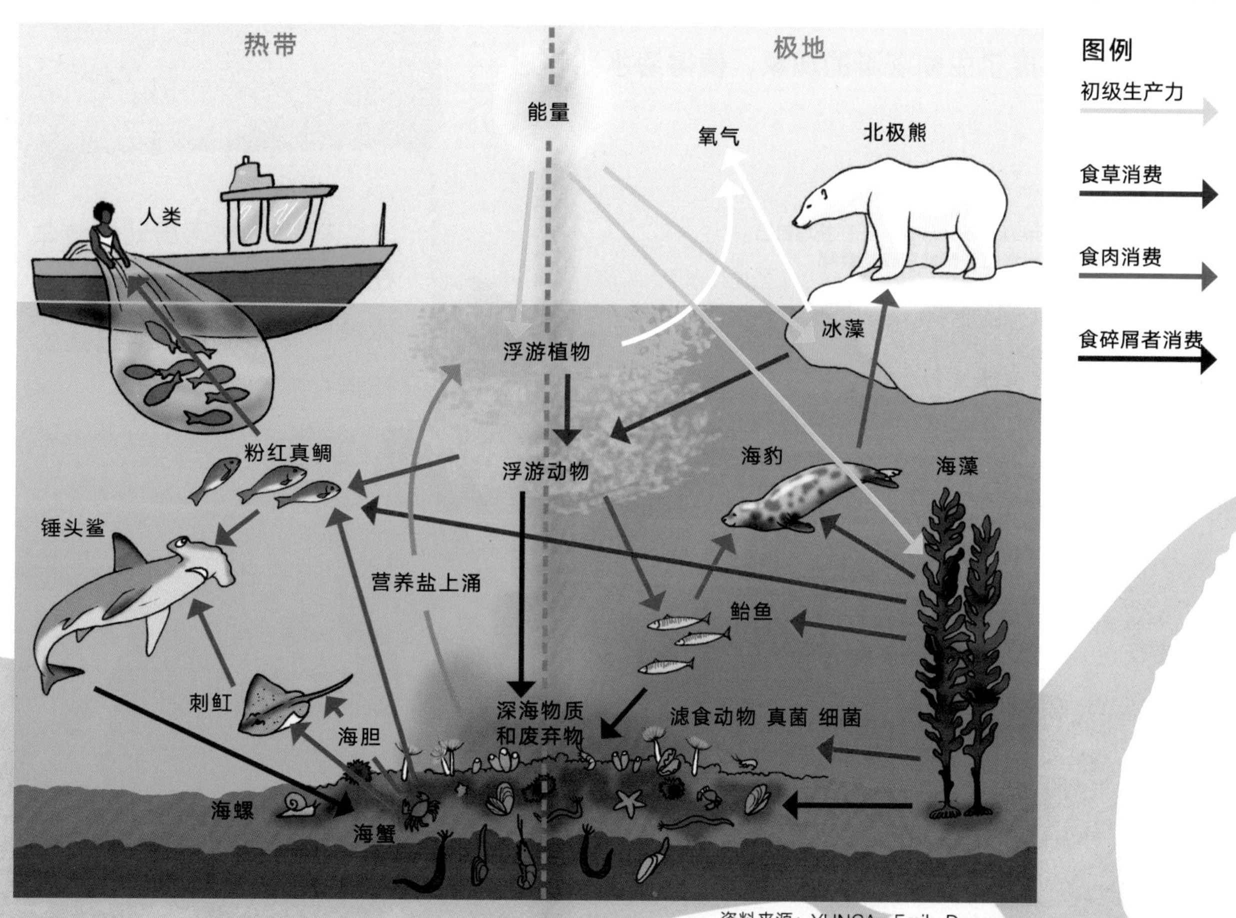

资料来源：YUNGA，Emily Donegan。

海洋回收者

在海底，被称为底栖生物的蠕虫、螃蟹、虾和蛤蜊等小动物生活在泥沙沉积物中，它们在沉积物中不断挖掘并四处移动寻找食物。这种挖掘移动了沉积物，被称为生物扰动。挖掘活动还会混合沉积物颗粒，形成了生物灌溉的现象，使得海水能够进出海床。

你知道吗

这些小型穴居动物每年在整个海底移动沉积物的总体积，居然是珠穆朗玛峰的13倍！

这只太平洋沙蟹（*Emerita analoga*）正在掩埋自己。很快，只剩下触角露出水面，帮助它收集食物

©Jerry Kirkhart／世界气象中心

背景图片

不丹飞机航拍的珠穆朗玛峰

©Shrimpo1967／世界气象中心

共生关系下的鼓虾和黄色虾虎鱼。鼓虾正在挖洞，而虾虎鱼在放哨
©Nick Hobgood／世界气象中心

这两个过程——生物扰动和生物灌溉——改变了海底的化学环境，为极具多样性的细菌群落提供了适宜条件。细菌有助于分解海洋生物的尸体以及落到海底的任何有机物。有机物的这种循环降解使得其他海洋生物可以再次利用营养物质。

穴居生物有助于将沉积物中的营养物质送回水中。这些营养物质可以被光合作用生物吸收，比如浮游生物和藻类，这让我们回到了海洋食物网的开始……这个过程的工作原理有点像人体消化系统中帮助分解食物的细菌，使食物中的能量和营养物质能为我们的身体所利用。

营养物质循环（和再循环）是健康海洋的重要组成部分，没有营养物质循环，海洋中的大部分生物就无法生存。

建造栖息地的物种

一些海洋物种可以为其他海洋物种建造栖息地。

从上至下：

躲藏在海藻森林中的鱼
©John Turnbull／Flickr

低潮时刻暴露的贻贝床。你能阻止这些小藤壶吗？
©Kqedquest／Flickr

苔藓虫把扇贝壳作为栖息地
©Richard Shucksmith／聚集地球

海藻庇护所：

当海藻足够大时，它们有时会成块生长，成为海藻森林。海藻为海螺、帽贝和许多其他海洋生物提供遮阴。海藻可以让生物在低潮时保持凉爽和水分。海藻也可以为海洋生物提供食物来源。随着潮汐潮水的到来，海藻森林被淹没，它们也为许多鱼类物种提供了食物和庇护所。

双壳类海床：

一些双壳类（如贻贝和牡蛎）共同生活在海床上，为许多其他物种提供了栖息地。藤壶和其他小生物（如蠕虫和小型甲壳类动物）生活在泥滩和基岩海岸的贻贝壳表面。贻贝也是螃蟹和鱼类的食物。你还会发现动物藏在蚌壳之间，以避开捕食者的视线。

其他栖息地工程师：

栖息地里还有很多工程物种，包括一些软体动物、珊瑚、海绵、苔藓虫等，以及其他一些在活着或死去时都能够在海底创造地貌结构的生物：例如，一些贝壳的坚硬表面可以为新珊瑚礁提供附着基础。这些生物像工程师一样，丰富了海底环境的地貌结构，形成了拼图式的多类型栖息地，构成海洋生态系统。它们是全球海洋运转的关键组成部分。

海带森林

海带是一种主要出现在温带和极地水域的海藻，尽管也有一些种类的海带能够生活在热带海洋地区。海带森林是作为地球上最具生物多样性和生产力的生态系统之一，海带森林为海洋生物和人类提供多种生态系统服务功能。

海带森林通常被称为“生态系统工程师”。这是因为在叶子小气囊的浮力帮助下，海带向上生长，同时将营养物质从海底带了上来。这个功能，再加上海带提供的安全庇护和覆盖范围，使海带森林成为鱼类等生物的适宜栖息地。哪里有鱼，哪里就有海豹和海狮！

海带森林也进行光合作用，为海洋生命和人类提供氧气，同时吸收二氧化碳。如果你觉得这还不是保护海带森林的充足理由，那别忘了它们也是潜水的绝佳地点。

因为海带森林为小鱼提供了庇护所，这里也是大型鱼物种寻找食物的好地方！这意味着鱼群都在海带周围集中。然而不幸的是，海带森林正受到过度捕捞等人类活动的威胁。这里有一个很好的例子说明食物网是如何相互联系的：如果人类吃太多肉食性鱼类（或吃其他动物的鱼），肉食性鱼类吃的草食性海洋生物（食草动物）就少了，例如海胆。没有大型鱼类捕食它们，草食性动物群落会失去平衡，它们会过度食用海带，并会导致其他依赖海带的物种失衡。

海带森林
©Stef Maruch／世界气象中心

人们正在采取行动保护海带森林，例如一些海带森林被指定为海洋保护区。

人类活动：
海床内部、表层、上层

沿海水域和海床具备最大的海洋物种多样性，因为这里可以找到海洋食物网中的大多数食物。我们喜欢吃的很多鱼类、甲壳类和软体动物物种，如沙丁鱼、龙虾和鸟蛤，都在这个区域。丰富的海洋食物使得沿岸区域被称为人们的宜居地。

鸟蛤
©Féron Benjamin／世界气象中心

背景图片
菲律宾宿务的麦克坦岛（Mactan Cebu）的一群沙丁鱼
©Tanaka Juuyoh／世界气象中心

然而，人类活动例如河流水域的农业污染、污水排放和影响海底的沿海捕捞活动（如拖网捕捞），都会对沿海生物产生负面影响。

除渔业外，我们还将沿海水域和海底用于其他用途：休闲娱乐、海水养殖和盐田（用于提取盐），以及铺设电缆和管道。沿海水域的这种高密集使用意味着人类活动已经破坏了超过65%的脆弱栖息地，如海草床和湿地，并加速了这些海域的物种入侵。

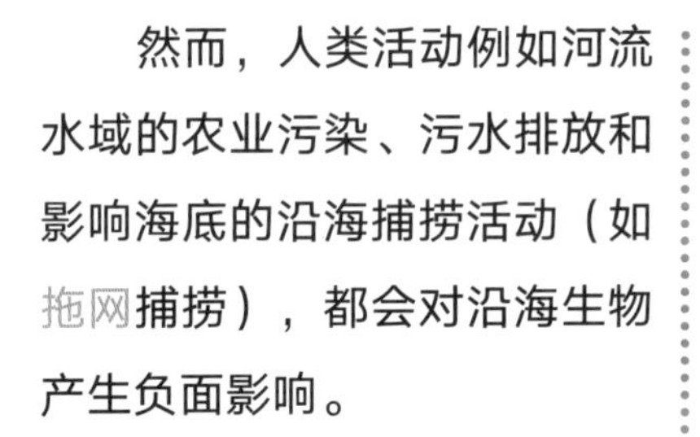

你知道吗

据估计，高达80%的沿海海域被高强度捕捞，并导致了严重后果。

在阿拉伯湾铺设绝缘输油管道
©壳牌公司／Flickr

越南下龙湾水产养殖
©Gavin White／Flickr

背景图片
渔民
©www.sxc.hu

管理我们对沿海地区的影响

我们对海岸的利用和享受取决于我们维持沿海水体及海底清洁和健康的能力。近年来，人们尝试了不同的策略来减少人类活动对沿海栖息地的影响。其中包括政府给予沿海地区保护地位，减少或防止破坏重要栖息地和濒危物种的活动。保护沿海栖息地的措施还包括对陆地活动进行干预，例如控制污染排放。

个人在保护海滩和海岸线方面也能起到重要作用。例如，自愿清理海滩垃圾的行动相当普遍，也有人发起签名请愿，以减少海滨休闲娱乐给海洋带来的负面影响。

这是一种看上去无害的、像羽毛一样的藻类（*Caulerpa taxifolia*），已经从印太分散到许多其他海域，包括地中海。它取代了很多当地植物，影响了当地的食物网。和狮子鱼一样，大家认为这种藻类是从水族馆扩散出来的

起源于印太的红色狮子鱼正在贪婪地入侵美国及加勒比海域。在某些区域，如果潜水员成功地将狮子鱼从当地生态系统中捕获带回，甚至可以获得奖金

也许你听过“只带回照片，只留下脚印”这句话？你认为这意味着什么含义？

人类带来的压力：入侵物种

人类和海洋　发现更多！

船舶的移动对于全球物种多样性有重大影响。船舶在长途旅行中经常会携带“偷渡客”或“不速之客”。

有两种主要形式：

1. 物种可能被吸入压载水中。在货物船载重不足时，为了保持平衡，船舶会在船身注入大量海水。一旦船舶到达港口，这些水就被排空。
2. 海洋物种可能聚居在船体上，并且在这种环境下快乐生活。软珊瑚、海绵和其他摄食水体颗粒物的生物将会在这种不断运动的水体中茁壮成长，并能形成密集的群体。

当一艘船到达港口时，这些生物进入了它们无法通过自然方式到达的环境。如果条件合适，它们可能在新环境生存下来，并最终改变那里的生态系统。

例如，它们可能会通过占用所有可用空间来战胜当地物种，或者摄食海水中的所有食物，导致本来已自然适应的本地物种数量下降。在这种情况下，新物种变成“入侵物种”，并对当地的生物多样性造成严重危害。

对于一些分布广泛的世界性物种来说，这不成问题，但对于其他物种，尤其是特有地方性物种，这甚至会导致物种灭绝。

对此正在采取什么措施呢？

如果你熟悉船舶，你可能知道船体用抗生物涂料处理，以阻碍生物的附着成长。这是人们试图将入侵物种传播可能性降至最低的方法之一。

国际机构也在努力控制入侵物种传播。例如，国际海事组织制定了一项压载水公约。该公约要求，船体中压载水在到达港口释放之前必须经过处理，以防止“有害”物种到来。该公约目前正在世界各地成功实施。

船体上弧形的水深刻度线。这种船的压载水可以将海洋生物带到世界各地
©Stephen Schauer，Lifesize／Thinkstock

研究海床：沉积物剖面成像仪

理解海床及其内部的过程是一项挑战性任务。因为所有过程都发生在水下，甚至是泥沙沉积物中！这意味着海洋学家需要寻找新的技术来观测海洋沉积物。其中一项新技术被称为沉积物剖面成像仪（SPI）。这项复杂的发明基于一个简单的原则：为了要理解海底发生了什么，我们必须能够看到它的内部！

在意大利威尼斯潟湖的一次生物调查中，人工安置剖面成像仪
©Ana Queiros

放在渔船上准备投放的剖面成像仪
©Ana Queiros

沉积物剖面成像仪就像一个潜艇的海底潜望镜。利用一种巧妙的系统，将一面镜子以一定的角度放置在棱镜柱体内部。这个装置被推入沉积物中，将海底截面的图像反射到相机上，让进行研究的科学家拍摄照片。

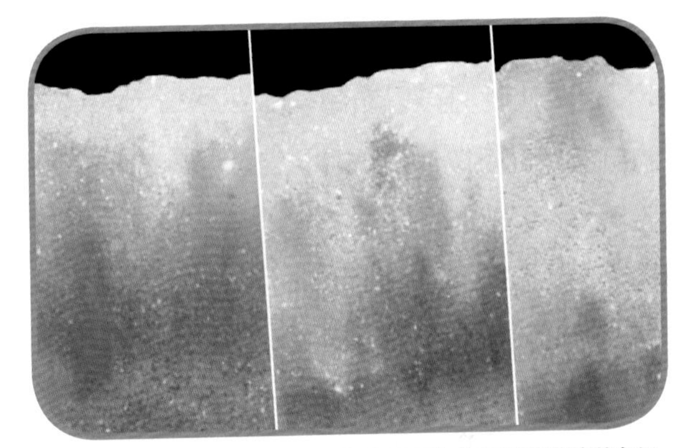

沉积物剖面成像仪展示海床表层健康的黄色沉积物，以及更深处不健康的深色沉积物

©Ana Queiros

在海床附近潜泳

©Comstock／Thinkstock

SPI让我们可以看到蠕虫和螃蟹在海底表面的自然环境下做什么。如今，SPI使我们能够实时监测海底正在发生的事情，不仅可以可视化海底的活动，还可以量化这些活动。这些是评估生态系统健康状况的重要工具。

采用荧光手段展示海蟹生物扰动过程中对海床泥沙的移动
©Solan等／海洋生态进展系列

结论

沿海水体和海底是繁忙的地方——不仅是因为人类在该区域的活动，而且是因为海洋生命带来的益处。海底充满了穴居生物，进行着生物扰动和生物灌溉，在海底移动沉积物和水，再循环营养物质。这些营养物质被释放回水中，使得光合作用生物生长，养活整个食物网，其中包括我们爱吃的鱼类和贝类。在海底，你可以找到像生态系统工程师一样的物种。这些物种维持海底的化学性质，并为其他物种提供庇护所和栖息地，支撑着充满多样性的海洋生命。我们依赖这些海洋生命，不仅因为它们是食物来源，而且也因为我们能够在其中享受乐趣。

由于这些原因，保持沿海水体及海底的清洁和健康至关重要。它维持了广阔海域的生态健康状况，也保障了人类获得的健康食物。实现这个目标的办法之一是建立海洋保护区。此外，人们也在制定国际条约，例如，减少有害入侵物种的扩散。

埃克斯河口的航拍图像

©埃克斯河口管理团队

河口 内部的隐秘世界

6

河口的泥滩中隐藏着丰富的生物多样性，像热带雨林一样具有高生产力。

Jennifer Lockett，普利茅斯海洋实验室

河口是指河流或小溪流入海洋，在淡水和盐水之间形成过渡带。河口既受河流影响，如淡水和泥沙沉积物的流动，也受海洋影响，如盐度、潮汐和波浪。淡水和海水的混合创造了一个咸水过渡环境，这里的盐度在靠近海洋处最高，在靠近河流处最低。

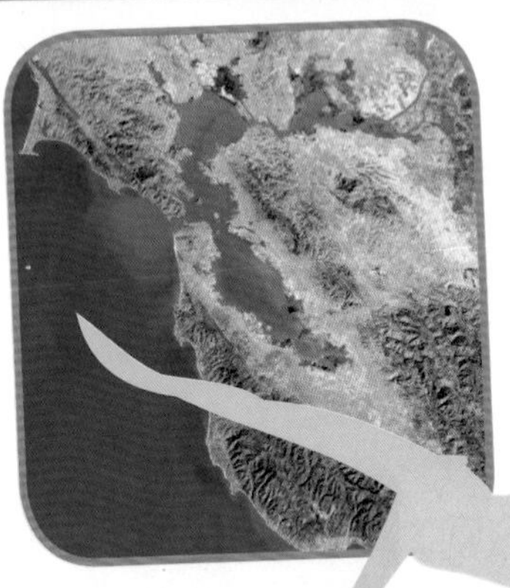

河口通常以其地理形态为特征，例如有些河口是历史事件冰川作用形成的。不同类型的河口往往有不同的名称，如峡湾、溺河和港湾（或海湾），但河口共同点是淡水和盐水的交汇和混合。

从左到右：

阿根廷和乌拉圭边界处拉普拉塔河口航拍图像
©NASA

加利福尼亚旧金山海湾浅水区域，具有高生产力，占加州径流量的40%
©USGS

苏格兰尼斯河口进入索尔韦峡湾，退潮时刻拍摄
©瑟尔斯博士／世界气象中心

背景图片

挪威盖朗厄尔峡湾
©Simo Räsänen／世界气象中心

你知道吗

每立方米河口淤泥所蕴含的能量相当于14块巧克力棒！

为什么河口生物多样性如此丰富？

淡水和海水在水体中都携有沉积物和营养物质。淡水的营养物质通常来自陆地的径流，例如土壤、淤泥和动植物残骸碎屑。当河流进入到更宽的河口时流速降低，大量沉积物沉积下来形成泥滩。当处于低潮潮位时，许多河口上游的特点就是泥滩。海水溶解的盐和淡水混合，会导致细颗粒沉积物聚集成块并一起下沉——这一过程被称为絮凝。

克罗地亚的利姆溺河水道
©Aconcagua／世界气象中心

当海水流入河口时，会携带营养物质、砂砾和海洋碎屑颗粒（例如海洋生物的残骸和粪便）。这些物质沉积在河口的下游时，就形成了沙坪。

沉积下来的海洋碎屑和营养物质为微生物（如细菌和浮游生物）提供食物，从而构建了河口地区复杂的食物网。

这些微生物反过来又被包括甲壳类动物（如虾）、软体动物（如贻贝）以及多毛类动物（蠕虫）在内的无脊椎动物吃掉。

在许多河口区域，生存着大量的无脊椎动物。这些无脊椎动物供养着大量涉禽，它们在低潮时进行捕食。河口也是许多候鸟的重要休息地，为迁徙途中提供食物。

小型涉禽厚嘴鸻
©Richard Shucksmith／聚焦地球

多毛纲蠕虫
©Matt Doggett／聚焦地球

委内瑞拉海滩的鸟
©Emiliano Ricci，Flickr

你知道吗

针对不同食物类型，鸟嘴的大小和形状进化为完美的工具。这意味着，不同物种的鸟可以在河口地区一起觅食而不产生竞争。例如，鸻鸟用短而钝的喙从沉积物表层捕食，而杓鹬则用非常长而弯曲的喙深入到沙子里面捕食。

长喙海鸟
©Alan D Wilson／世界气象中心

相比开阔的海洋，河口提供了更多的食物和庇护地，这就是为什么许多鱼类物种在其幼年阶段利用这种丰富的栖息地。

你知道吗

我们消费的鱼类和贝类，超过三分之二的物种都会在河口生活一段时期。

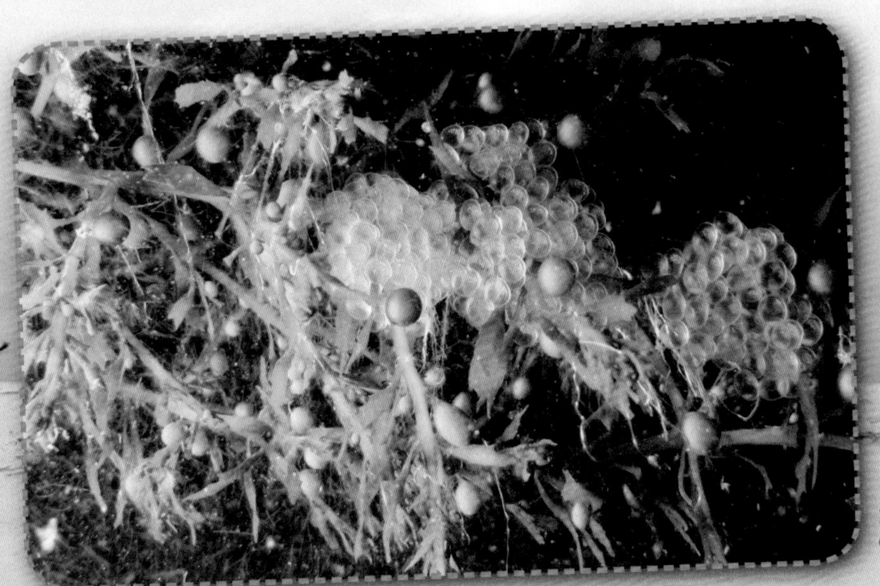

海草上的鲱鱼鱼卵
©Kathleenreed／Flickr

海洋的影响

因为有些河流的地理形态阻止了海水的进入（例如陆地过于陡峭），在入海处没有形成河口。还有一些情况下，河道分叉，形成更多更小的入海口，这种情况被称为三角洲。

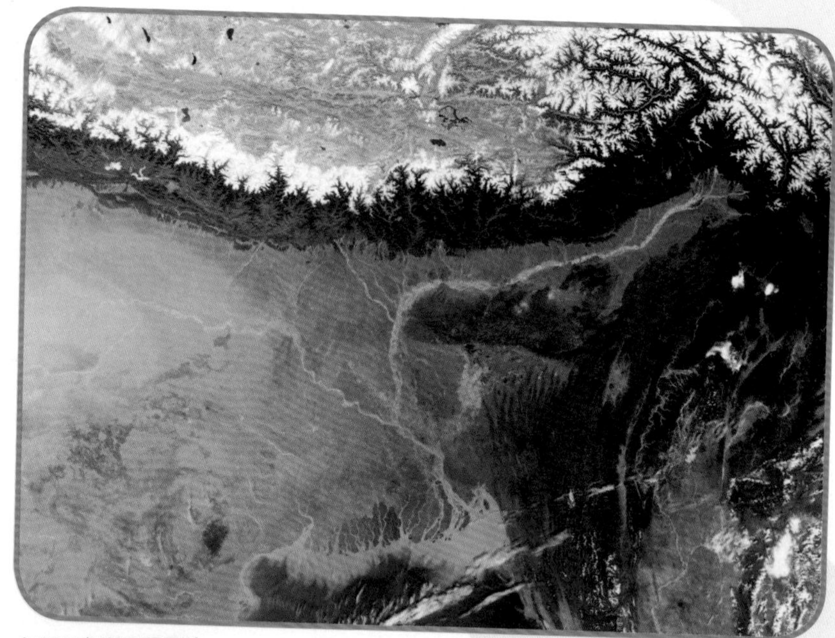

恒河三角洲卫星图片
©NASA／世界气象中心

你知道吗

世界上最大的三角洲位于恒河河口，恒河大部分位于孟加拉国，面积为105 000平方公里。营养物质在这里沉积，导致该三角洲成为世界上最肥沃的地区之一。

海洋通过潮汐将沉积物冲刷入海，保持河口的清洁，也塑造了河口的形态。如果沙子没有被冲走，它很可能会堆积起来，在河口形成冲积平原或沙洲。随着沉积物的不断堆积，冲积平原可能会发展成三角洲。河口外部的海很浅，或者全年的海况都很平静，或者河流的梯度（陡峭）很平缓，或者河流在遇到水体时显著变慢，这四个条件有助于形成三角洲。这些沉降的沉积物会阻碍淡水直接流入海洋，形成很多穿越冲积平原的小河道，看起来像小溪一样。

海洋潮汐还会在河口带来不寻常的特征，例如形成涌潮。涌潮发生在世界上仅有的几个河口，这些河口潮差很大，潮水涌入到又浅又窄的河流。当潮差最大时（例如在大潮期间），涌入的潮水可能表现为一个突兀的波浪，逆着河流快速向上游移动。这个涌潮带来了水位的快速上升，上升的水位在涌潮通过后仍然保持。

你知道吗

英国的塞文河口拥有世界上最大的潮差之一。在最高潮时，上涨的潮水沿着塞文河口涌入，形成涌浪，人们可以在河流里面冲浪。

塞文河涌浪冲浪的勇者

©Tess／世界气象中心

河口利用

数千年以来，河口的鱼类、水鸟、芦苇、海藻、沙子、黏土和盐，为沿岸居民提供了丰富的资源。在人们开始使用公路交通之前，即使是小河口也是人员和货物流动的重要交通枢纽。渔业和航运服务持续至今，河口成为娱乐和旅游胜地，各种商业用途也进一步发展。

与河口有关的利用和商业例子

商业活动

- 渔业（鱼类和贝类）
- 采集饵料
- 轮渡
- 货运

旅游产业

- 宾馆
- 酒店
- 乘船游览

休闲活动

- 风筝式冲浪
- 帆船航行
- 风帆冲浪
- 独木舟
- 野生动物观赏
- 遛狗

休闲产业

- 海上浮体相关休闲
- 游艇
- 水上运动学校和设备租用
- 野生动物观赏或海钓指导

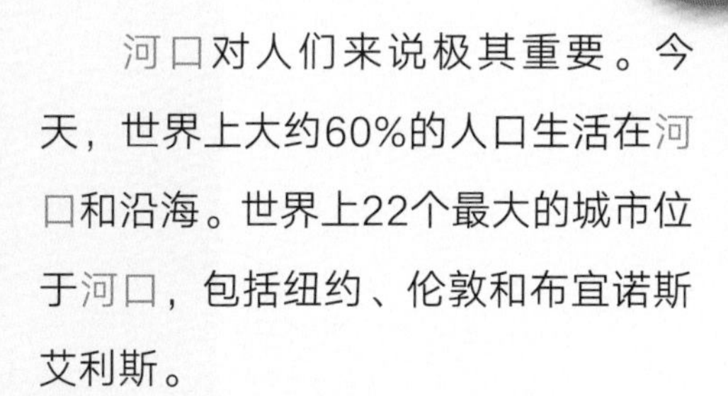

你知道吗

河口对人们来说极其重要。今天，世界上大约60%的人口生活在河口和沿海。世界上22个最大的城市位于河口，包括纽约、伦敦和布宜诺斯艾利斯。

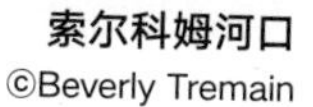

索尔科姆河口

©Beverly Tremain

人类活动如何影响生物多样性？

不断增长的人口通过开发港口和码头来支持休闲和商业活动，以及开垦土地用于农业、建筑、海防。这些活动改变了河口周围的边界。

这限制了野生动物的栖息地，并使其与人类的接触更近。例如，涉禽（长尾鸟）在低潮时依赖河口觅食。随着我们在河口地区休闲活动的增多，从风筝冲浪到遛狗等的人类活动范围增加，越来越多的鸟类重要栖息地被侵占。

当一只鸟受到干扰时，它不仅不能觅食，而且还会被迫用其宝贵的能量储备来飞离。如果这种情况经常发生，这可能意味着这只鸟最终无法储存足够的体脂来过冬或完成长时间的迁徙。

刚刚抓住晚餐的半蹼白翅鹬
©Richard Shucksmith／聚焦地球

一群藤壶鹅在河口区过冬
©Richard Shucksmith／聚焦地球

芬兰伊特罗湾的三只藤壶鹅
©Tomi／世界气象中心

富营养化和污染对我们河口的影响

近几十年来，农业生产、废水处理厂、城市径流和化石燃料的燃烧增加了进入河口的营养物质（特别是氮和磷）的水平，达到自然水平的许多倍。

虽然其中一些营养物质的输入是必不可少的，但过高的营养水平可能非常有害。它们经常会导致藻类更快速地生长。这个过程被称为富营养化。

过量的营养物质会导致河口出现密集的藻华。如果它们生长得足够密集，阻挡阳光照射到水体下层，海床上的海草等光合植物得不到阳光，这时它们就会变得有害。藻华也可能耗尽水中的溶解氧，而溶解氧对动植物的生存至关重要。某些藻类物种甚至可能有毒，能够直接毒害包括鱼类的其他海洋生物。

在严重的情况下，富营养化会导致生物多样性的急剧丧失，并影响捕捞和休闲等人类活动。富营养化甚至会对人类健康造成危害，例如误食被藻类毒素污染的贝类，或者直接接触到有害藻类暴发带来的水载或气载毒素。

现在做什么来改善富营养化？

就其物理和生物环境而言，河口自身各不相同，同时也因其提供的不同用途而受到不同方面的影响。因此，河口的地方管理必须有针对性，应考虑到当地环境和当地社区的需要。管理措施还必须着眼于未来，对栖息地产生影响的变化进行规划，例如是否需要建立海防结构来保护社区和基础设施免受海平面上升的影响，以及如何发展河口利用以满足日益增长的人口需求。

国家和国际立法，例如欧洲的水框架指导（WFD），是改善河口、设定需要实现的目标的重要手段。WFD为改善水质设定了明确的目标和期限，但允许地方基于当地认知、数据和科学做出决定。

在全球范围内，我们可以通过减少化学物质（如洗涤剂和杀虫剂）进入到水系统来改善河口的健康状况。

社区主导的倡议活动也有助于提高人们对这些问题的认识。例如，黄鱼项目一直在世界各地传播，其使用的格言是："只有雨水可以流入下水道！"

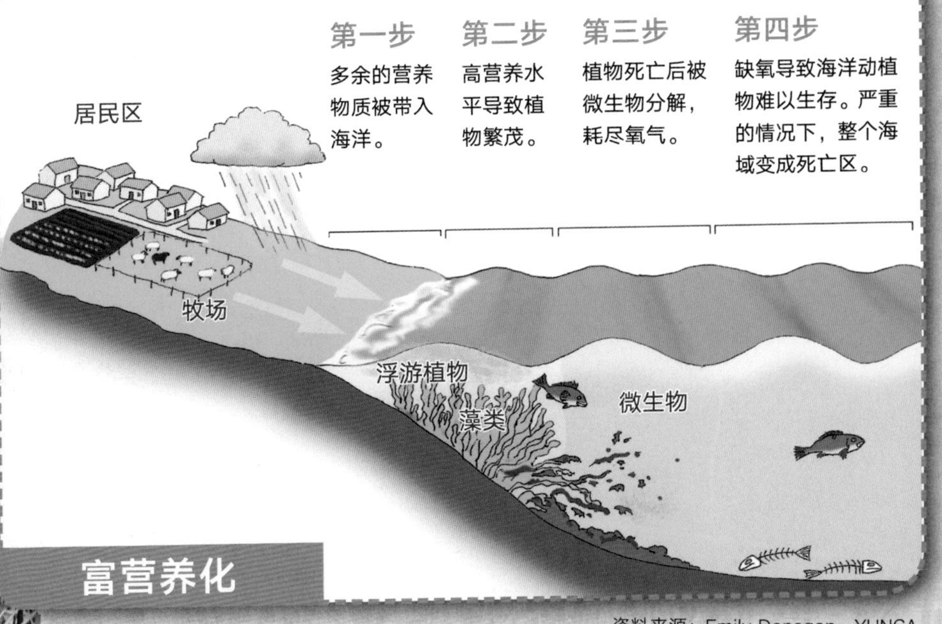

资料来源：Emily Donegan，YUNGA。

潟湖的藻华暴发。
©Dwight Burdette／世界气象中心

模拟河口

计算机技术发展极大地促进了我们对河口如何“运转”的理解。例如，科学家现在能够研究水体的流动，并预测沉积物和溶解污染物如何随着时间在河口扩散。它们也被用来研究未来的洪水风险。这些河口计算机模拟或模型可以成为河口管理者的有用工具，因为它们可以在损害实际发生之前识别损害可能发生的位置，从而采取预防措施。

然而，进行正确的预测是一件复杂的事情。需要考虑所有类型的因素，包括沉积物的特性，以及水流速度、盐度、温度和潮周期。所有这些预测都从实际发生的数据进行率定，以确保模型尽可能准确。

澳大利亚沙溪河口低潮时
©Dwight Burdette／世界气象中心

结论

河口是一种特殊的栖息地，海水和淡水在这里混合。河口也很特别，因为环境富含食物，河口对许多水生物种很重要，其中包括许多具有重要经济价值的鱼类物种、涉禽和水禽（如鸭子和鹅）。河口对人们来说也很重要。数千年来，人们一直将河口用于交通、捕捞和休闲等活动。

人类的使用持续影响着河口，影响着水质和生物。尽管量身定制的地方管理至关重要，但我们都可以限制个人的影响，减少释放到河口的化学物质和污染物，对这些宝贵的栖息地小心翼翼，尤其是在鸟类觅食的时候。这样我们就可以帮助改善河口的健康状况。

美国莫罗湾海岸的波浪
©Mike Baird / Flickr

潮间带的生物

7

潮水线之间的生命不断变化着，经常受到极端条件的影响。

Jack Sewell，海洋生物协会

潮水线之间的区域被称为潮间带。为了在潮间带生存，海洋生物不得不发展出一系列令人难以置信的适应能力。退潮时，它们暴露在空气中，生活环境处于剧烈变化中。

各类海岸

海岸的特征差异很大，因此能够提供各种不同类型的栖息地。

基岩海岸具有坚硬的表面，动物和海藻可以固着在上面。岩石可能会受到阳光、海浪和捕食性动物的影响，因此能够支撑的物种相对较少，但能够提供隐蔽的区域，例如岩石之下、池塘、裂缝和突出物，可以为更多的海洋生物提供适宜生存的条件。

基岩海岸
©Jack Sewell

沉积物海岸范围较广，从非常细的泥，到粗砂，到粗砾石。构成海滩的物质取决于潮流、波浪、风的强度，以及到达海滩的有机物数量。沉积物海岸是更具有“三维”结构特征的栖息地，因为动物能够将自己埋藏到泥沙表面以下的不同深度。沉积物下方的环境更为稳定，而且也没有地表那么极端！

沙滩

©Nicholas Raymond／Flickr

落地生根还是游走四方？

不仅不同类型海岸的环境差异很大，即使在同一海滩的不同部分，也可能存在较大差异。

在潮间带较深处，潮水褪去露出的时间相对较短，盐度和温度水平相对稳定且一致，物种之间对于资源（空间、食物、光照）的竞争很激烈。

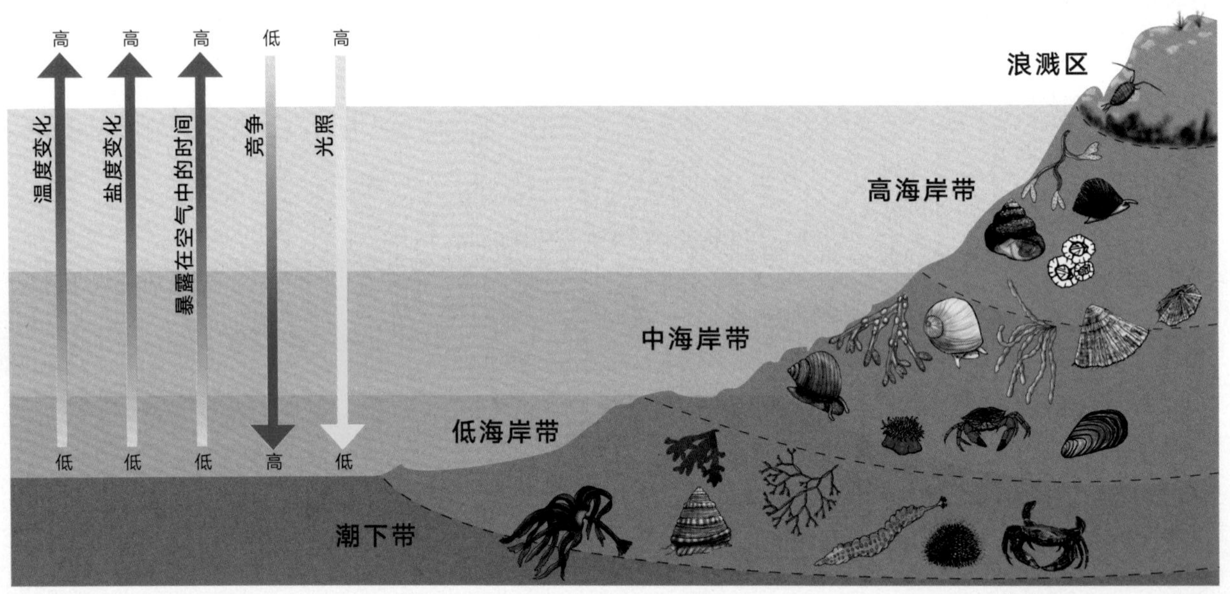

资料来源：Jack Sewell。

而在潮间带更加靠近陆地的区域，情况复杂且变化剧烈，物种对资源的竞争相对缓和，但要求海洋生物进化出适应性，在暴露于空气中时能够“落地生根”。一些物种，例如常见的鸟蛤，已经能够在离开水的时候从空气中吸收氧气。但是大多数海洋生物物种无法做到这一点，必须采用其他方法才能生存。

以下是一些例子：

藤壶

有些种类的藤壶是生物适应潮间带变化能力的典型示范。它们生成钙质板，并且为自身创造一个安全的锥形庇护所。当被潮汐淹没时，藤壶用已进化适应的肢体来捕捉经过它外壳的碎屑作为食物。潮水退去时，藤壶收回肢体，用钙质板挡住开口，把水分保留在锥形壳体之内。藤壶在此期间不进食，但可以在暴露的环境中存活很长时间。因此，有些藤壶能够在潮汐水位到达岩石最高处生存。

双壳类

双壳类动物，如贻贝和牡蛎，有着与藤壶相似的生存技能，它们用强大的肌肉来保持双壳紧密闭合，避免变干。

海藻

海藻也能适应基岩海岸的极端条件环境：某种适应性良好的海藻能在90%的生命期间离开水体，可以在失去80%～90%水分的情况下生存！

鳚鱼

更多能够游动的物种，例如鱼类、螃蟹和海星，可以随着潮水的下降而退缩到岩池、裂缝和巨石下。某些鳚鱼已经将胸鳍进行了演化，这使得它们可以“走出”水面，并停留在缝隙中！它们有不寻常的能力，可以通过无鳞皮肤吸收氧气，这使得它们能够长时间离开水存活。

从上至下：

藤壶
©Jack Sewell

可食用的贻贝
©Mark A Wilson／世界气象中心

一种常见的褐色海草
©Jack Sewell

常见的鳚鱼
©Marc AuMarc／Flickr

对人类的重要性

正如我们已经提到的，世界上大约60%的人口生活在沿海地区，海洋的宝贵资源和全球交通运输的潜力吸引着人们。

在一些寒冷地区，海岸是少数不会永久冻结的地区之一。这使它成为一条生命线，在冬季为原住民和动物提供食物。

几个世纪以来，人类已经驯养了一些在海岸上发现的物种，现在能够利用海岸大规模进行养殖。尽管如此，仍然需要细心管理，因为水产养殖和野生捕捞都会破坏自然生态系统。双壳类动物，如鸟蛤、蛤蜊和贻贝，是重要的食物来源，支持着世界各地极具价值的商业。海藻类，如海草和海带，也用于食品、化妆品和工业产品。

人类也把海滨作为休闲娱乐场所。钓鱼、游泳、冲浪和其他许多活动都在世界各地的海岸上进行。然而，旅游业的发展会对沿海生物产生严重影响。人类活动会干扰鸟类，度假村的光线和噪声可能会打乱海龟筑巢习性。

海洋对人们的重要性导致了沿海码头、住宅和工业的发展。这不可避免地给环境带来了问题，包括自然栖息地的丧失或破坏、污染加剧和入侵物种的引入。

人类和海洋

西班牙托萨德马尔一个典型的拥挤海滩
©Katonams／世界气象中心

日落时分，小男孩在美国Siesta海滩的岸边观看海鸟
©Jsarasota／世界气象中心

你知道吗

为了让海滩对游客更有吸引力，经常需要清理海滩上被冲上来的海藻。这可以通过人工或机械清理设备来完成。机械清理设备是重型机械，会压实沙子并清除海滩顶部上部10～15厘米的沙子。这一层海滩通常富含营养物质，并为海岸生物物种提供栖息地。海滩清理被认为会清除多达90%被发现的物种。游客在海滩和观光景点留下的垃圾会对海岸和当地生物造成损害。

推土机正在清理海滩上的植物
©Greg Henshall／世界气象中心

英国怀特岛汉诺威岬和希帕德峡谷之间淤泥中露出的坚硬砾石
©Jim Champion／世界气象中心

污染：石油泄漏和托里卡尼号油轮

Jack Sewell 和 Annie Emery

1967年3月18日，托里卡尼号油轮在距离英国康沃尔海岸外17英里的触礁失事。这一事故导致117 000吨原油泄漏入海。尽管托里卡尼号泄漏的油量相当于2010年墨西哥湾深水地平线事件石油损失量的20%左右，但它仍然是历史上最大的油轮泄漏事故之一。

这种规模的石油泄漏会在几个方面造成损害。石油中的化学物质对海洋和海岸生物有毒，并通过“污染”使一些重要的经济渔业受损。原油又厚又黏，会使一些例如海鸟的物种窒息死亡。附着海底的海藻及动物需要的光照被遮蔽，觅食系统被阻断。

托里卡尼号灾难引发了关于如何管理石油泄漏的重要科学研究。一个关键教训是，虽然石油泄漏有直接的破坏作用，但用来分解石油的化学消油剂对海岸生态是最持久且最具灾难性的影响。

保护和管理

当然，管理石油泄漏及其破坏性影响的最好方法是防止它们发生。这可以通过定期检查和修理油轮、机器和其他设备来防止泄漏的发生。

如果漏油无法预防，有一些方法可以减少其影响，包括：

- 制定一个所有员工都熟悉的行动计划，并准备好清理设备，以便迅速做出反应，最大限度地减少有害后果。
- 准备一艘备用油轮，以便在另一艘开始泄漏时，可以将油转移到备用油轮上。
- 控制溢出的石油，例如在溢油范围内倒入沙子，沙子会吸收原油并絮凝沉到海床，然后被清理，或者使用围油栏（将浮油围起来的浮体屏障，这样石油就可以从水面上撇去）。
- 溢油二次利用。有时溢油可以收集起来，送回炼油厂，

再次生产出可用的石油。

在溢油后的清理工作中，志愿者也非常重要。许多组织致力于拯救被浮油伤害的海鸟和其他动物。

较小的石油泄漏和溢油

油轮和钻井平台的溢油经常会引起媒体关注，因为它们具有严重的直接影响。然而，人们普遍认为，这些事故释放的油量只占每年进入海洋的石油总量的一小部分。日常生活和工业带来的石油入海被认为是大得多的来源。这些通过大气排放、径流废水进入海洋的来源，单个量小，但是总体加起来规模大。

石油生产每天会产生较小的泄漏和溢油，但如果允许它们长时间持续发生，这会严重影响当地环境。受这种长期石油污染特别严重的一个地区是西非的尼日尔三角洲。

你可以通过提醒你自己或你的朋友和家人不要将旧机油倒入排水管，并在机器保养期间努力遏制任何漏油，以改变现状。

墨西哥湾深水地平线钻井平台的灾难性事故
©Justin Stumberg／美国海军

管理海滩

我们已经看到，人类活动会严重影响并伤害海洋和海洋生物。与此同时，自然过程也可能影响人类活动：例如，海浪来袭造成侵蚀，或者在更极端的情况下，洪水泛滥，可以彻底重塑一条海岸线。由于沿海地区通常经济高度发达，人们要确保海洋不会破坏人类社区和基础设施，不会威胁我们生命和生计。

海滩管理策略采用两种主要方法：“硬”工程选项，依赖永久或半永久结构，以及“软”工程技术，不持久。硬工程包括建造将波浪反弹回大海的海堤、丁坝（与海滩成直角放置的木质结构，用于拦截沉积物，防止海滩沉积物被侵蚀）、抛石（放置在悬崖底部的石块，用于吸收波浪能量和减少侵蚀）和防波堤（类似于抛石的长结构，用于吸收波浪能量和改变波浪方向）。软工程包括进行有规划的清理，移除任何坚硬的结构，允许海水上涨淹没，以及海滩补充——填充被自然波浪冲走的泥沙。

怀特岛文特诺的海堤
©维基百科Oikos小组

英国雷德卡的丁坝
©Mattbuck／世界气象中心

南非开普敦的防浪堤
©Adam Brink／世界气象中心

研究海岸

因为潮汐退去时不需要昂贵的潜水设备或科考船，相比大多数海洋栖息地我们更容易接近海岸附近。然而，潮汐又会涨回来，所以科学家们只有很短的时间来统计、测量、收集和观察海岸物种。

因此，可以收集到的信息量通常是有限的。许多动物、植物和海藻离开水后会“闭合”，这使得直接研究它们的行为变得困难。因此，科学家们设计了许多间接研究海岸物种行为的方法。

低潮时，可以在潮间带安置实验设备。例如，为了研究海藻生长和摄食行为，可以安装隔离笼防止海螺进入。给动物做标识可以研究它们的运动。追踪观察、查找痕迹、摄食记号和卵壳等都是海洋学家在潮间带的常见手段，用来观察海水上涨时会发生什么。

在海滨研究中给海草做标记
©Jack Sewell

你知道吗

你自己也可以积极参与海岸研究！下次去海边的时候，记得留意观察，做一些记录，拍一些照片。也许某一天，你收集的这些生物照片和其他信息能够帮助科学家们和政府部门来更好地管理海岸带。

结论

海岸线是一个极端的环境。不同类型的海岸对海洋生物提出了不同的挑战，同一海岸不同区域也对海洋生物提出了不同的挑战。海岸越高处，环境越极端。潮间带区域的生物必须适应不停变化的环境。

海岸也是人类的重要栖息地，我们特别喜欢在海边进行休闲和娱乐活动，海岸带也保护人类社区免受海浪和风暴洪水的侵蚀。因此，人类想出了许多管理海岸带的方法，其中一些方法试图抵御大自然的力量（如海堤），但另一些方法则顺其自然（如重新调整海岸规划布局）。

洛斯海提斯国家公园的红树林（多米尼加共和国）
©Anton Bielousov／世界气象中心

红树林和盐沼

8

红树林和盐沼为人们提供了重要的自然福祉，并且是陆地和海洋之间的缓冲带。

Christi Turner，蓝色海洋风险保护机构
Tara Hooper，普利茅斯海洋实验室/海洋教育信托基金

红树林是一种耐高盐的树木。盐沼还含有许多耐盐植物。这意味着，与大多数植物不同，它们可以生长在海洋和陆地交汇的区域：潮间带。

红树林树根

红树林生长在避风海湾和小水湾的泥滩上。这种泥滩往往含氧量低，所以红树林的树根很独特，它们可以竖立在泥沙沉积物之上，从空气中吸收氧气。

涨潮时，尽管树顶不会被淹没，但是红树林的树根会浸在盐水中。

不同种类的红树林有不同办法来处理高盐的问题。一些红树林可以阻止盐水进入树根，另一些红树林可以把盐分储存在叶子里，还有一些红树林以盐晶体的形式从叶子中将盐分排出。

波多黎各萨利纳斯的萨利纳斯河谷红树林
©Boricuaeddie／世界气象中心

热带和亚热带

热带位于北半球的北回归线和南半球的南回归线之间的赤道附近。亚热带位于紧靠热带的南北地区，通常在南北纬度23.5°～40°之间。再进一步远离赤道，就会来到更冷的温带，最远的地方则是地球最高纬度的寒冷极地。

红树林叶片上的盐晶体
©Peripitus／世界气象中心

美国朱庇特水湾的红树林
©Kim Seng／Flickr

:: 红树林覆盖了大约137 000平方公里的地球表面——这个面积比整个孟加拉国还要大！

:: 世界上大多数红树林位于热带和亚热带地区。

:: 它们分布在世界各地123个国家和地区；然而，世界上75%的红树林集中分布在15个国家和地区。

:: 仅印度尼西亚就拥有世界上近四分之一的红树林，澳大利亚、巴西和墨西哥的红树林密度也很高。

盐沼

红树林并不是唯一填补陆地和海洋之间生态位的植物；在其他地区，盐沼完成这个任务。然而，盐沼看起来与红树林非常不同，因为盐沼生长小得多的植物。

将红树林区和盐沼区区分的主要因素是温度。澳大利亚、巴西、中国和美国都是横跨亚热带和温带的国家，红树林和盐沼也是如此，两者之间也有一个边界。

费希尔堡州（Fort Fisher State）休闲区的盐沼地
©Dincher／世界气象中心

- 随着气候越冷，红树林包含的物种越来越少，直至冷到红树林任何物种都无法生存时，盐沼就取代红树林。
- 相比红树林，盐沼似乎对温度相对不太敏感，可以蔓延到亚热带（甚至热带）地区。但是红树林比盐沼更擅长在热带环境生长，部分原因是它们比盐沼植物高得多，因此遮挡了较小的盐沼植物的阳光，降低了盐沼植物的生长能力。
- 有时在同一个地方可以出现盐沼和红树林，这里盐沼位于岸边较高的位置。这个区域对于红树林来说，盐碱过高且很少被潮水淹没。但是如果红树林有机会（例如海平面变化、用地变化或降雨增加），那么它们就会向陆地延伸，取代盐沼。

潮沟中的盐沼地
©Bill O'Brian／美国农业部

美国佛罗里达盐沼地
©Bill Lea／美国鱼类及野生动物管理局

为什么我们需要红树林和盐沼？

红树林和盐沼提供了一系列环境科学家所说的生态系统服务功能——“生态系统提供的对人类生存和福祉有益的功能”（由《英国自然生态系统评估》报告定义）。

- 红树林和盐沼植物可以在陆地污染物到达和破坏海洋环境之前，过滤和分解这些污染物。它们还能防范过多的泥沙沉积物到达敏感的栖息地，如海草床和珊瑚礁，避免这些栖息地植物的生长遇到窒息或缺乏光照的限制。
- 红树林和盐沼可以减弱到达海滨的波浪能量，从而防御风暴和海岸侵蚀。据估计，即使把重新栽种和保护红树林的费用计算在内，越南红树林的恢复也节省了600万美元的海岸防护工程费用。
- 红树林和盐沼中长期存在的池塘可以为鱼类和甲壳类动物（如螃蟹或虾）提供了孵化和生长区域。这些区域为它们在长大前往深海之前的早期生命提供了保护。较大的鱼将盐沼小溪和涨潮时的沼滩作为觅食地。
- 涉禽和野禽利用盐沼栖息（休息或睡觉），并在附近的泥滩上觅食。红树林还支持养活着候鸟和留鸟种群，包括鹗等猛禽，它们在树上筑巢休息，从树上下来觅食。

美国渥斯湖的红树林岛
©Kim Seng／Flickr

你知道吗

随着飓风等极端天气事件变得越来越频繁，一些城市规划者和建筑师正在借助大自然，寻找如何最好地保护人类居住区免遭海平面上升和风暴潮灾害的方法。例如，建筑师斯蒂芬·卡塞尔建议纽约应该在其沿海地区周围培育一片湿地，以帮助吸收多余的海水并耗散巨浪。

泰国红树林和山地
©Guon Morée／Flickr

发现更多！

蓝碳和应对气候变化

红树林、盐沼和海草（见第9章）是二氧化碳（CO_2）的天然储存库，被称为“碳汇”。二氧化碳是一种温室气体，在大气中吸收热量而有助于全球变暖。世界海洋和沿海生态系统在吸收CO_2方面的重要性变得越来越显著，于是人们创造了“蓝碳”一词来强调这一作用。

盐沼似乎是特别有效的碳汇。据估计，盐沼占美国所有生态系统碳总量吸收的20%以上，尽管盐沼只覆盖很小一部分土地面积。

虽然红树林的勘测做得很好，但是大量海草床未被很好地勘测（例如东南亚、南美洲东部和西部以及非洲西海岸）。同样，全球范围的海岸带沼泽、潮滩和海草床的消失并没有被很好地勘测和记录。

红树林、盐沼和海草的消失对碳排放有两方面影响：

:: 这些栖息地不能再吸收和储存二氧化碳，使得减少人类碳排放和应对气候变化更加困难。

:: 大量被储存在栖息地的CO_2将会被释放出来，增加大气中的CO_2水平，意味着以前的碳汇变成了碳源。

澳大利亚凯恩斯海滩红树林幼苗
©Guillaume Blanchard／世界气象中心

尽管红树林在全球热带森林中所占的比例不到1%，但科学家估计，红树林储存的CO_2高达1 250亿吨，是全球年CO_2排放量的2.5倍。如果这些CO_2被释放到大气中，将会对气候变化产生巨大的影响！

消失的
红树林和盐沼

近几十年来，人类施加给红树林和盐沼的压力急剧增大。人口的增长意味着我们需要更多的空间和食物。为了给农田和养虾业提供空间，盐沼和红树林遭到破坏。旅游业的发展也意味着沿海的建设开发正在威胁这些重要的栖息地——“海岸挤迫”就是一个重要的例子。

人类和海洋

一条穿越已经消失的红树林森林的小路。这些红树林森林也被用来倾倒垃圾，原先繁茂的森林和独特的野生群落逐渐退化

©Rudolph A. Furtado／世界气象中心

你知道吗

联合国发现红树林的消失速度是陆地森林的4倍。研究表明，1980—2000年，全球约有35%的红树林遭到破坏，如果红树林以目前的速度继续减少，它们可能会在未来100年内完全消失。

盐沼也遭遇着类似的情况。自20世纪40年代以来，盐沼覆盖率已经下降了25%，现在我们每年仍在失去1%～2%的盐沼。

海岸挤迫

盐沼植物群不是海洋植物，它们是耐盐的陆地植物。然而，它们的这种耐受性也只到此为止；盐沼并不能承受太多的海水。

随着海平面上升（例如，由于气候变化），潮水将会更频繁地淹没盐沼植物。盐沼的自然反应是随着潮位上升逐渐向内陆移动，向海一侧植物减少，向陆一侧植物增多。这样，相对于潮位，盐沼作为一个整体移动。

如今，这种后撤通常是不可能的，因为沿海的开发建设（海堤、道路、房屋、酒店等）在向陆的一侧都是混凝土结构。如果盐沼不能向内陆移动，它就会消失在上升的海水中。

英国圣劳伦斯盐沼地，这是一个盐沼被人类陆地界限挤压的例子
©Glyn Baker

新西兰奥塔哥阿拉莫纳盐沼地
©Phillip C／Flickr

保护红树林

目前，地球上只有约7%的红树林受到保护——这仅仅约9 505平方公里，相当于印度尼西亚小岛屿布鲁的面积。

由于红树林、海草床和珊瑚礁都是紧密相连的，科学家建议保护工作应该考虑整个生态廊道，结合起来同时对红树林、海草床和珊瑚礁进行保护。

红树林保护项目最为成功的案例是那些让当地人积极参与的项目，这种方式被称为基于社区的保护工作。这意味着，虽然保护红树林的环境至关重要，但本地社区必须要尽可能地参与进来。同时，保护活动也必将提高当地人的生活质量。

年轻人在保护红树林方面发挥主导作用的一个案例是印度纳兰布尔村的比纳帕尼青年俱乐部。俱乐部成员被称为“红树林守护者”，轮流负责保护红树林。他们的职责包括照料社区红树林苗圃，对社区进行红树林生态系统重要作用的教育宣传。

比纳帕尼青年俱乐部的红树林守护者
©印度海岸可持续发展中心

墨西哥圣卡安生态保护区红树林
©Claire Murphy／Flickr

研究红树林和盐沼

科学家们使用一种称为遥感的技术来监测红树林森林和盐沼的范围。这还包括分析卫星图像，确定不同类型的用地和栖息地类型。因为不同的物种对光的反射性质不同，这种方法甚至可以区分不同类型的红树林森林。

遥感必须是“实地考察验证”，也就是说必须人工现场采集红树林和盐沼数据来检验卫星遥感图片所代表的是否真实。在某些红树林区域实现难度很大，它们是最不好研究的区域：红树林森林通常很稠密，它们的树根在极厚的淤泥中盘错，通常让人很难进入。

遥感图像可以和其他信息结合，产生地理信息系统（GIS）。可以制成展示红树林和盐沼及相邻区域的地图，在上层再置入城镇、村庄、道路、虾池、渔场等信息。遥感和GIS技术也可以应用在其他栖息地，包括海洋的表面。

马达加斯加布贝托克湾红树林卫星图像
©NASA

结论

红树林和盐沼植物可以在潮间带的含盐环境中生存。红树林只存在于热带和亚热带，而盐沼则遍布世界各地。红树林和盐沼都为人们提供了许多生态系统服务功能。它们在清除污染中发挥作用，保护海岸免受风暴和侵蚀，为幼鱼和虾蟹类提供重要的栖息地。

红树林和盐沼也有助于储存二氧化碳，防止二氧化碳进入大气。然而，这种作用正受到威胁，红树林和盐沼都因人类活动而正在消失。世界上很少有红树林和盐沼受到保护，但发动社区参与保护能起到作用。例如，人们正在重新种植红树林，并在社区教育宣传红树林的重要性。

斐济珊瑚礁展示出珊瑚种类多样性

珊瑚礁和海草床

9

珊瑚礁只覆盖了不到1%的海底，但却是25%海洋物种的家园。

Tara Hooper，普利茅斯海洋实验室/海洋教育信托基金

珊瑚是由被称为珊瑚虫的微小动物个体组成的集合群体。和它们的近亲海葵一样，珊瑚虫有柔软的躯体和带刺的触须。在热带珊瑚中，珊瑚虫被碳酸钙构成的坚硬骨架保护。这些骨架长成各种形状，有的形成分支叉结构，有的是精致的扇形，有的则看起来有点像人脑！

热带珊瑚礁

暖水珊瑚生活在热带和亚热带海洋较浅的真光层区域。这些珊瑚用触手捕捉水中的浮游动物。然而，珊瑚的大部分能量来自于生活在珊瑚中的被称为虫黄藻的微小植物。这些虫黄藻实际上还赋予了珊瑚美丽的颜色。

从太空中看大堡礁
©NASA

许多珊瑚长成一片时，就形成了珊瑚礁。珊瑚礁有两种主要类型：堡礁、岸礁。

- 堡礁离海滨有一段距离，通常是相对较深水域的较老结构。可能最有名的珊瑚礁是澳大利亚的大堡礁，沿着昆士兰州的海岸延伸了2 000公里。
- 岸礁位于浅水，通常靠近海岸。它们可以完全围绕着岛屿，形成较大的封闭式潟湖。环礁是一种特殊的岸礁，它不再环绕陆地，因为那块陆地已经沉到波浪之下，而珊瑚礁不断向上生长。

并不是所有的珊瑚都能形成珊瑚礁。有超过2 500种珊瑚，只有大概650种能够形成珊瑚礁。

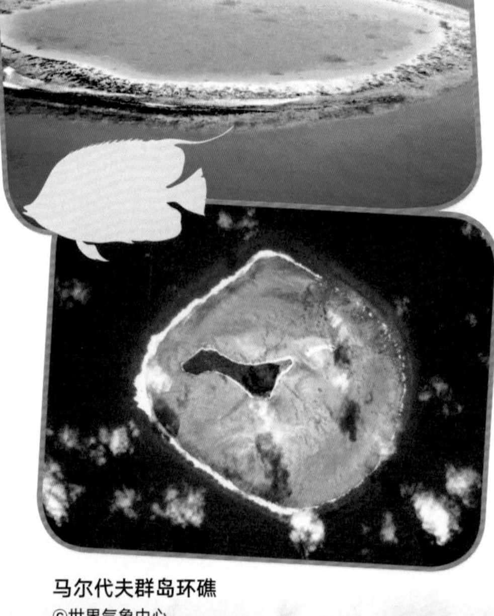

马尔代夫群岛环礁
©世界气象中心

奥埃诺岛和它的岸礁
©NASA

背景图片
珊瑚分支
©CBD

你知道吗

珊瑚的生长通常非常缓慢：一团珊瑚可能需要50年才能长到足球那么大！枝状珊瑚生长较快，但是分枝很容易折断。这两个因素导致珊瑚礁很容易受到人类活动的破坏。

冷水珊瑚

珊瑚不只生长在温暖的水域中，也有一些种类可以生活在4 000米深处的寒冷和黑暗中。在深水中，没有足够的光线让藻类生存，因此冷水珊瑚没有热带珊瑚礁特有的虫黄藻。

一种软珊瑚（*Tubastrea micrantha*）
©Matt Doggett／聚焦地球

我们对冷水珊瑚的认知非常有限。直到20世纪70年代，随着渔业和油气勘探扩展到更深的水域，科学家们才真正开始更多地了解冷水珊瑚。

我们确定知道冷水珊瑚在深水生态系统中非常重要。深海大部分是平坦广阔的淤泥沉积物。冷水珊瑚形成的珊瑚礁是复杂的三维结构，为其他海洋生物提供了栖息地。在一个冷水珊瑚礁上发现了超过1 300种物种。

从上至下：

埃及红海一种被称为树珊瑚的软珊瑚
©Matt Doggett／聚焦地球

粉红色海扇珊瑚
©Matt Doggett／聚焦地球

一种像泡泡糖的冷水珊瑚
©NOAA／WMC

海草床

海草因其长条形的带状叶子而得名。但它们实际上不是草，而是开花植物。它们与陆地植物的关系比海藻更密切。

海草比珊瑚种类少得多，但分布更广。海草大约只有60种，广泛生活在除南极洲以外的各个大陆浅水海域。在热带地区，它们经常生活在珊瑚礁形成的潟湖。

海草的大小也有很大的差异，从体长只有2～3厘米的小种类到叶子超过4米长的大种类。它们是绿海龟、海牛和包括黑天鹅在内的一些水禽的重要食物来源。

绿海龟在阿库马尔湾吃海草

©P.Lindgren／世界气象中心

你知道吗

海牛是大型水生食草类动物，体长可达3米。它们可以生活在河流、河口和浅海。海牛种类包括生活在印度洋和东太平洋的儒艮，以及三种生活在美国东南部、加勒比海、南美洲和西非的海牛等。

儒艮对海草的食物依赖性很大，一只成年儒艮一天最多可以吃掉40千克海草！健康的海草床对儒艮的生存至关重要；如果海草食物数量缺乏，即使没有到饥饿的程度，儒艮也不会进行繁殖，这可能带来物种濒危的严重后果。

埃及马萨阿拉姆的儒艮
©Julien Willem／世界气象中心

海草草甸
©Matt Doggett／聚焦地球

对海草和珊瑚礁的利用

人们对珊瑚的直接利用相当有限，珊瑚可以作为装饰性的收藏物出售，或者被制成珠宝首饰。然而，珊瑚礁养活了所有海洋鱼类几乎四分之一的物种，以及包括螃蟹、龙虾、贝类和章鱼在内的其他各类物种。

海草有更广泛的用途，可以作为地毯和垫子，也可用作床垫填充材料、包装材料、屋顶材料和绝缘材料。海草床也是幼鱼和甲壳类动物的栖息地，它们会躲藏在海草叶下。

因此，珊瑚礁和海草床在食物生产方面至关重要：多达10亿人食用的海鲜源自珊瑚礁区域，据估计3 000万人完全依赖它们。我们从珊瑚礁和海草床获得的其他生态系统服务功能还包括：

- 保护海岸线免受风暴破坏；
- 减少海岸侵蚀，因为海草植物的根稳固了沉积物而减少海岸侵蚀；
- 珊瑚沙可以生成并填充海滩；
- 可以在热带珊瑚礁上观赏鱼类、鲨鱼、海龟和其他丰富多彩的生物，为庞大的全球旅游业提供了重要支撑部分。

巴厘岛潜泳
©世界气象中心

某些种类珊瑚的化学成分与人类骨骼非常相似，它们已被用作骨移植的替代来源，帮助受伤的人类骨骼愈合！

你知道吗

海草制成的袋子
©世界气象中心

珊瑚礁和海草床面临的威胁

珊瑚礁和海草床都是脆弱的环境，容易受到人类活动的影响。

据估计，自19世纪以来，几乎三分之一的海草栖息地已经消失。近几十年来，损失率有所上升；自1980年以来，一片面积相当于比利时大小的海草地已经消失！

在珊瑚礁上进行的大规模捕鱼会造成重大损害。踩踏、下锚、沉重的渔具，以及最具破坏性的炸药捕鱼，都对脆弱的珊瑚造成了巨大的伤害。陆地上的活动也威胁着珊瑚礁：高浊度的径流可以阻止虫黄藻获取阳光，并可以让珊瑚窒息，污染物也可能有毒性。

对海草床也有类似的威胁，它们很容易因为船舶的锚定而撕裂。富营养化造成水中营养过剩，会导致藻类大量繁殖，海草可能会因此窒息，从而也会被破坏。

螺旋桨在海草上留下伤痕
©Sarah Manuel

人类活动对珊瑚的破坏
©NOAA

气候变化的影响

发现更多！ 人类和海洋

煤、石油和天然气被用来取暖、发电和运输，这些都增加了大气中二氧化碳和其他温室气体的含量。这导致了全球气温的上升，也就是气候变化。这使珊瑚礁面临两个特别的问题：海洋温度升高和海水酸度增加。

温度上升

全球气温上升也会影响海洋的温度。浅水中的热带珊瑚礁特别容易受到这种影响。即使水温仅比通常的夏季最高温度高1～2°C，持续时间超过约3周，珊瑚就会失去其虫黄藻，最终死亡。

当珊瑚没有虫黄藻，它就会失去颜色变成白色。这被称为珊瑚白化。珊瑚白化的频率和严重程度一直在增加。近年来最严重的大规模白化事件发生在1998年，造成全世界珊瑚礁中大面积的珊瑚死亡。2002年在大堡礁和2005年在加勒比海发生了更多的局部大规模白化事件。

海草也受到海水温度升高的影响，而且影响是快速的；仅仅几个小时的温度升高就会降低光合作用，犹如“炙烤”海草叶子一般，将之变成棕黑色，表明植物的细胞已经受损。高水温被认为是佛罗里达和澳大利亚大面积海草流失的一个因素。

酸度增加

珊瑚面临的另一个问题是，进入大气的多余二氧化碳中，大约有四分之一最终被海洋吸收。这使得海水更加具有酸性，这一过程被称为海洋酸化。随着水的酸度增加，海水中一种叫做碳酸盐的物质浓度会减少。碳酸盐对包括珊瑚在

内的许多海洋生物来说是必不可少的，因为它们用碳酸盐来构成骨骼和贝壳。并非所有的珊瑚都受到同样的影响，但人们认为碳酸盐浓度的降低会普遍减缓许多珊瑚的生长。在此情况下仍然能够发育的珊瑚很可能骨架不那么致密，更容易受到破坏。

据预测，珊瑚白化和海洋酸化的综合影响可能导致三分之一的造礁珊瑚灭绝，严重减少为其他物种提供服务的珊瑚礁栖息地。

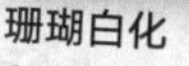

珊瑚白化
©Elapied／世界气象中心

另一方面，海草实际上可能会受益于海洋中更高浓度的二氧化碳。因为这将促进更多的光合作用，使海草生长更旺盛。然而，许多生活在海草上的生物，如珊瑚藻，预计会受到海洋酸化的负面影响，导致生活在海草床中的生物多样性减少。

红色珊瑚
©CBD

保护珊瑚礁：大堡礁的例子

大堡礁是世界上最大的珊瑚礁，位于澳大利亚昆士兰州海岸外的珊瑚海中。它分布在大约344 400平方公里海域上，这几乎是德国的面积！最棒的是，大堡礁还活着！事实上，它是地球上唯一可以从太空看到的生物。在其3 000多个独立的珊瑚系统中，生活着1 500种不同的热带鱼、200种鸟类和20种爬行动物，包括濒临灭绝的绿海龟。

珊瑚礁不仅是一个丰富多产的栖息地，而且具有巨大的经济重要性意义，每年创造超过40亿美元的旅游收入。因此，保护大堡礁至关重要——没有它，我们将失去它所提供的大规模生态系统服务功能。

为此，几乎整个大堡礁都被指定为海洋公园，这是一种海洋保护区。世界各地正在建立越来越多的海洋保护区，通过限制珊瑚礁及其周围海域的活动来保护珊瑚礁和其他重要的栖息地。

为了在保护珊瑚礁和仍然能够利用它之间保持平衡，大堡礁海洋公园被分成了几个区域。在占公园三分之一的高度保护区内，只允许的活动是：科学研究；休闲潜水和划船；原住民的传统使用；旅游业以及船舶的通行。这些活动大多通过许可制度进行控制。

这些高度保护区由一般用途区来平衡，一般用途区也覆盖了公园的三分之一，其中允许进行包括商业捕鱼在内的各

类活动，大多数不需要许可。

在这两个极端的保护区之间，禁止一些最具破坏性的活动（如海底拖网和大网捕鱼），而允许影响较小的活动（包括钓线捕鱼和捕蟹）。

虽然海洋保护区的创建日益增多，但对海洋环境的保护仍然落后于对陆地环境的保护。2013年，禁捕海洋保护区只有0.5%的海洋环境得到充分保护，而陆地上有超过海洋保护区15倍之多的土地得到这种保护。

查戈斯群岛（世界上最大的海洋保护区，面积647 497平方公里）的所罗门环礁
©Anne Sheppard／世界气象中心

珊瑚礁调查

正如我们所看到的，珊瑚礁极其重要，但也是极其脆弱的生态系统，这意味着科学家在研究它们时需要特别小心。他们收集的调查数据可以帮助我们决定如何最好地管理珊瑚礁，以及它们是否需要额外的保护。科学家提出的关于珊瑚礁的问题包括：

护林员正在进行珊瑚礁调查
©Matt Doggett／聚焦地球

制图：珊瑚礁覆盖了多少海底区域？珊瑚礁的聚集密度有多大？

为了回答这些问题，科学家们可能会使用复杂的卫星遥感图像——或者干脆去潜水！例如，在大堡礁周围广泛使用的“曼塔拖曳技术”，包括潜水者被摩托艇拖曳时在防水纸上做笔记！

生态系统：珊瑚礁上发现了哪些物种？它们是如何相互作用的？

同样，潜水员最适合这种不需要船的数据收集。潜水者能够到达深水区，探索珊瑚礁更脆弱的区域。

人类活动：人类对珊瑚礁有什么影响？当地社区如何参与保护珊瑚礁？

一旦研究了人类对珊瑚礁的影响（例如通过调查、访谈等），最好通过教育活动来鼓励当地社区参与保护珊瑚，例如解读政府的规则和条例，并向社区展示如何可持续地利用珊瑚礁。

结论

珊瑚有许多种形状和大小，既可以生活在温暖的热带和温带的浅海，也可以生活在寒冷的深海中。它们是脆弱的生物，非常容易受到人类活动的影响。海草的多样性较低，但分布更广。它们也受到人类活动的影响，但实际上却有可能成为气候变化中的赢家之一。

世界各地正在建立海洋保护区，以保护珊瑚礁和海草床等栖息地。一些保护区禁止人类活动，一些保护区限制人类活动。不幸的是，海洋保护区仍相对较少，还需要很多工作来有效保护海洋。

部分
C

极端海洋：
很多我们没见过的东西

太平洋日落时刻的地球地平线
©NASA

视线之外：极端海洋

10

我们大多数人不会亲临绝大部分的海洋世界，所以让我们在本手册中探索海洋的极端区域！

Caroline Hattam，普利茅斯海洋实验室

我们大多数人只有亲临海边，或者乘坐渡轮时，才有机会体验到海洋。我们可以在电视纪录片中瞥见海洋的广袤。即使是现代海上工作者，如科考队员或海员，也只能看到海洋的一小部分。

探索海洋

研究海洋

人类只到访了不到10%的海洋。这意味着我们对其他90%以上的海洋知之甚少，它们还没有被探索过！虽然有将人类送上月球的技术，但对海岸带以外海洋进行探索所需的设备仍在开发中。这是因为到达海底就像和去月球旅行一样具有挑战性——这需要大量的专业技术和大量的经费！直到2012年，才有了首次单独下潜到挑战者深渊底部（海洋最深的地方）的技术，你可以在第13章找到更多信息。

SeaOrbiter的概念图

随着例如SeaOrbiter的浮体海洋实验室投入建设，可能会改变目前的情况。类似宇航空间站一样，SeaOrbiter在远洋拥有水下实验室和生活空间。它能够让科学家在海洋度过更长的时间，以便研究海面之下的生命和环境。

现代海洋探险者

如第3章中所述，人类成为海洋探险者已经几千年历史了，但是最近仍有一些著名的海洋探险者改变了我们对海洋的看法：

Jacques Cousteau（1910—1997）海洋学家、电影制作人和水下探险家：他对地中海、红海和印度洋进行了探险，并通过120多部电视纪录片和50本书将海洋带到了人们的客厅。他还成立了库斯托协会，旨在帮助保护海洋免受人类活动的危害。

Jacques Piccard（1922—2008）海洋学家、工程师：他设计并开发了用于研究海洋的水下航行器，并与唐·沃尔什中尉一起，参与了第一次载人探索挑战者深渊海底。他们在海底观察到鱼类和虾类，这让科学界感到惊讶，因为在此之前没有人认为生命能够在这种深度压力下生存。这一发现促使我们禁止在海沟中倾倒核废料。

Sylvia Earle（1935年至今）海洋学家、潜水员、作家、NOAA前首席科学家：她领导了70多次海洋考察，包括水下6 500多个小时工作。其中，在1970年，“玻陨石计划”项目中，她和其他四名女性在水下15米深度特别设计的“水下栖息地”生活了两周，研究海洋生物和水下生活对人体的影响。1979年，她还穿着类似太空服的加压金属服，在水下381米处行走了两个半小时，仅靠一条通信线路将她与潜水器连接起来。

特里亚斯特号，历史上最重要的深潜器之一
©美国海军

支撑地球上的生命

有很大一部分海洋在我们视线之外，它们是寒冷的（有些甚至是冰冻的），难以想象的深，离陆地很遥远。这些极端海洋对于地球生命特别重要，因此对人类生存也特别重要。它们提供了大量生态系统服务功能。

冰冻海洋世界
©Nat Wilson／Flickr

北极和南极的冰冻海洋影响着整个地球的气候，影响着在地球周围输送热量的温盐环流。海洋的冰盖层也为海洋生物，如微生物、鱼类、哺乳动物和鸟类提供了独特的栖息地。

上层海洋被阳光照射的浅真光层是数以百万计微小生命的家园，它们为大气中的氧气供给做出了贡献。在这个区域，风生表层海流有助于环绕地球输送营养物质和生命。这个区域对航运和渔业也很重要。

巨大的深海是支持海洋生命营养物质循环的中心。它也是新资源的来源，例如矿产、石油、天然气、深海渔业等。生物技术公司（利用活性物质生产有用产品的公司）也对深海充满兴趣，因为那里的生物可以为医药和工程问题提供解决方案。

人们如何影响极端海洋

尽管人类并未到访大多数极端海洋区域，但是人类活动的影响波及整个海洋。

例如：

- 塑料特别成问题，在海底和从北极到南极的水体中都有发现。
- 海洋环境中甚至在北极海冰中还发现了许多污染物，如滴滴涕（DDT，一种在农场用作农业杀虫剂的化合物）和重金属。
- 捕捞活动导致物种消失，改变了海洋食物链的结构，也改变了脆弱的海洋栖息地生态，如深海珊瑚礁、海山和海绵群落。
- 深海资源开采的影响目前未知，但科学家担心开采矿活动会破坏那些我们知之甚少的栖息地。

2010年4月21日，深水地平线事故中，海艇消防人员与海上燃烧物搏斗
©美国海岸警卫队

水体中漂浮的三明治塑料包装袋。以樽海鞘、水母等为食的鱼类。它们会误把这些垃圾当成食物，试图吃掉，然后会产生致命的后果
©Ben Mierement／NOAA

谁来对遥远而巨大的海洋负责？这一直是个问题。国际公约规定了使用世界海洋的国家的权利和责任，比如《联合国海洋法公约》。但人们对海洋的使用总在不断变化，因此国际法和条例需要进行调整，防止资源过度开发，并且保护物种、栖息地以及其他还未被发现的宝藏财富。

海洋碎屑。曾经的珊瑚礁，现在全是垃圾
©David Burdick／NOAA

结论

我们需要照顾的不仅仅是沿海，而是整个全球海洋。然而，管理海洋具有挑战性，因为没有一个国家单独对此负有责任：国家、社区和个人需要为共同目标而协作。

以下章节分别介绍冰冻的海洋、真光层和深海。这些章节将解释为什么海洋极端环境对人类很重要，我们如何利用它们，以及科学家是如何研究这些极具挑战性的环境。

东北格陵兰岛国家公园的冰山
©Rita Willaert／Flickr

冰冻海洋

11

极地海洋是我们星球上冰冻的燃料电池，拥有独特的生态系统和气候。

Helen Findlay，普利茅斯海洋实验室

位于北半球的北冰洋和位于南半球环绕南极洲的南大洋加起来占全球海洋的近10%。这些极地海洋超过72%被海冰所覆盖。

什么是海冰

海冰在海洋中结冰、生长和融冰；它们只是冰冻的海水。常年海冰，或者多年冰，被认为在过去的至少70万年里一直存在于北极，并且可能存在长达400万年！

海冰范围每年都在增长和缩小。在北冰洋，海冰在3月份达到最大程度，向南延伸到中国渤海湾（太平洋北纬38°），最远到达大西洋的冰岛。在春季和夏季，海冰融化，在9月份达到最小，此时它只覆盖主要的北冰洋洋盆（见下图）。

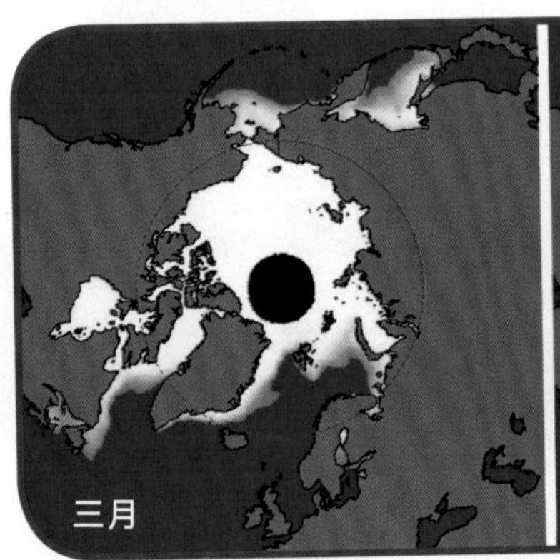

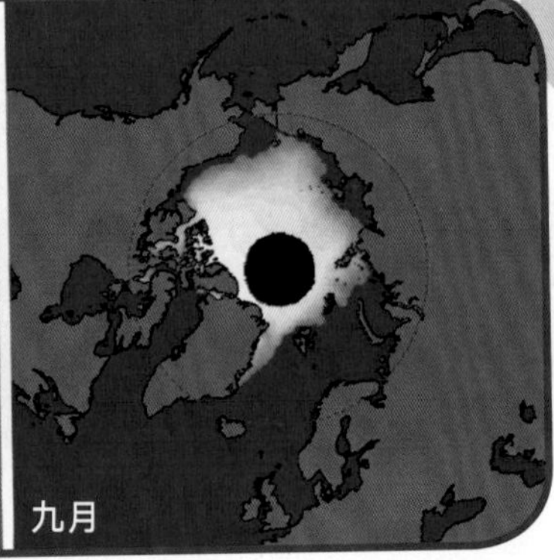

北极（上图）和南极（下图）最大和最小海冰面积
©美国国家冰雪数据中心（NSIDC）／科罗拉多大学博尔德分校

上图是聚焦北冰洋的卫星航拍北半球
下图是聚焦围绕南极洲的南大洋的卫星航拍南半球
©美国国家冰雪数据中心（NSIDC）／科罗拉多大学博尔德分校

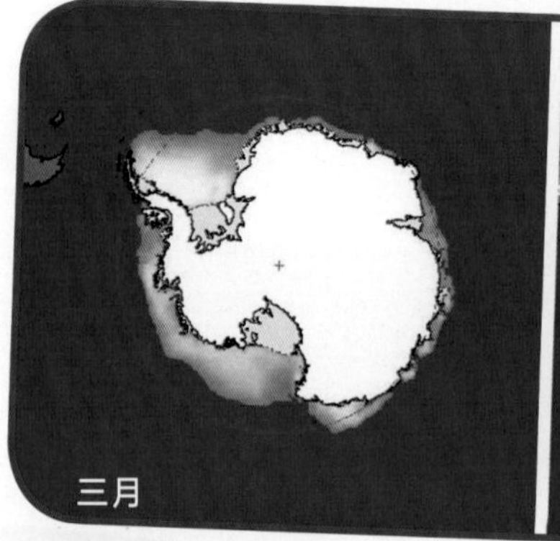

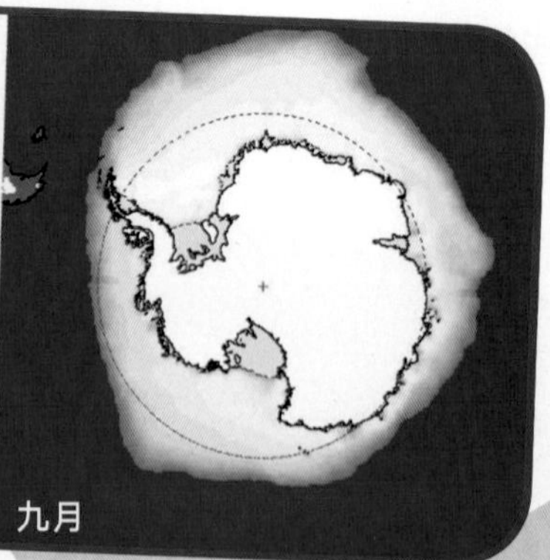

与北冰洋相比，南大洋（环绕南极洲）没有或只有很少的多年冰。南大洋的海冰每年都会结冰和融冰。在规模最大时，它远远超出了南极圈。

海冰季节性地结冰和融冰，这是一年中太阳位置变化按周期驱动自然变化的一部分。在极地地区，阳光照射时间会在整个秋季开始减少，到冬天会有24小时的黑暗极夜，气温会下降到至-40℃以下，这会导致表层海水结冰。随着春天阳光的回归，温度开始上升，海冰开始融化。初生冰，或一年冰，是每年形成的冰，厚度往往在几厘米到两米之间，而北极跨夏季留下的冰（多年冰）厚度可达4米以上。

北极海冰
©Helen Findlay／普利茅斯海洋实验室

为什么海冰很重要?

反照率效应

海冰对调节气候很重要。海冰有一个明亮的表面，它将反射大部分的阳光回向太空。地物表面的“反射能力”被称为它的反照率。由于海冰具有高反照率，被海冰覆盖的区域不会吸收太多的太阳热量（太阳能），因此极地地区的温度保持相对较低。

如果气候变化，温度持续变暖，越来越多的海冰融化，将太阳能反射回太空的光亮表面也会越来越少。更多的热量将被反照率较低的深色海洋所吸收，导致温度进一步上升，从而开始不断升温和融化的循环。

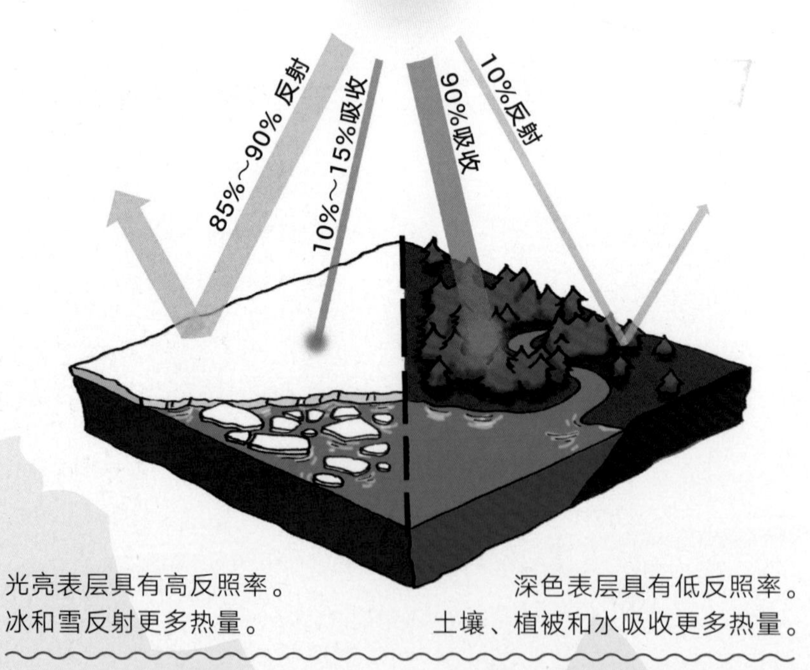

光亮表层具有高反照率。
冰和雪反射更多热量。

深色表层具有低反照率。
土壤、植被和水吸收更多热量。

资料来源：Emily Donegan，YUNGA。

温盐环流

海冰对全球海洋环流系统或温盐环流有贡献。当海冰生成时，水中的大部分盐分被排挤出冰外，进入下层的海水中。海冰下面的水含盐量更高，密度也比周围的海水大，因此会下沉。

通过这种方式，海冰影响了海水的运动：高密度的极地冷水下沉并沿着海底向赤道移动，来自中层深度的暖水上升到水面，并从赤道流向两极。

如果没有温盐环流，靠近赤道的国家气温会过热，靠近两极的国家气温会过冷，人类都将无法生存。除了循环热量，由温盐环流引起的海流对我们地球上营养物质和碳的输运也至关重要。

墨西哥湾流

北大西洋沿着表层流动的暖流，被称为墨西哥湾流。它将暖水送往欧洲，从而对当地的温度有很大的影响。例如，北欧海岸外海面年平均温度约为12℃，在相同纬度的美国东海岸外海域海面年平均温度仅为3～4℃。

每年生成和融化的海冰量的变化会扰乱这些正常的海洋环流模态，从而影响我们的气候，尤其是北欧和美洲的气候。

海冰里住着什么？

海冰是一个生态系统，为许多大型动物如北极熊、海豹和海象提供了栖息地，也支撑支持着大量的微型动植物。这些动物已经适应了极端的北极环境。例如，北极熊、北极狐和雪鸮有白色的皮毛或羽毛来进行伪装，帮助它们捕捉猎物。事实上，北极熊白色的皮毛下有黑色的皮肤，因为这样能吸收更多的热量！海象有厚厚的脂肪层来保持身体温暖——成年雄性海象的体重可达两吨，和汽车一样重！

西福克兰群岛的帝企鹅（*Aptenodytes patagonicus patagonicus*）
©Ben Tubby／Flickr

海冰上的大型海象
©Budd Christman／NOAA

南极洲利马水道的海豹
©Liam Quinn／Flickr

冰藻
©Kils和Marschall／世界气象中心

然而，海冰并不仅仅是大型动物的家园：当海冰生成盐水被挤出时，被称为冰藻的微小植物就生活在海冰形成时产生的通道中。桡足类和其他浮游动物等微小动物以这些冰藻为食。

冰藻可能会从冰中掉落到水体中，在那里甚至会有更多的动物以它们为食。这种食物通过食物链传递给鱼类、海豹、北极熊、鲸鱼，当然还有人类。一些藻类死亡后落到海底，被生活在海底的动物如蛤蜊、螃蟹和龙虾吃掉。可以查看极地食物网的图解。

雌北极熊和它的幼崽
©Travel Manitoba／Flickr

人与冰冻海洋

冰冻海洋是人类文化的重要组成部分。几个世纪以来，原住民一直生活在北极圈内的冰封土地上，大部分集中在海岸附近。这些人依靠海冰来运输和狩猎。

北极原住民
©Ansgar Walk／世界气象中心

原住民有着与冰雪相关的独特文化。他们拥有一种复杂的语言来描述冰的结构和过程，这使得他们能够在这种极端的环境中生存。他们对北极海冰已经进行的变化和正在进行的变化有深刻的理解。许多从父母到孩子代代相传的传统故事和歌曲，记录了海冰的历史变化，甚至可以追溯到科学记录开始之前，这对现代气候科学家非常有用！

虽然从来没有人在南极洲永久居住，但几百年来，南大洋在为人类提供资源方面发挥了重要作用。人们猎杀海豹是为了获取皮毛，猎杀海象和企鹅是为了获取油脂，猎杀鲸鱼是为了获取脂肪——它们被用来制造肥皂之类的产品！

不幸的是，其中一些物种几乎被猎杀到灭绝的地步。如绿色和平组织的拯救鲸鱼运动，旨在禁止猎杀这些濒临灭绝的南极物种。1994年，国际捕鲸委员会将南极附近的南大洋水域指定为鲸鱼保护区，禁止商业捕鲸。

人类和海洋

南大洋的人类活动

1790年：海豹猎人开始猎杀海豹获取皮毛。

1825年：一些海豹种群濒临灭绝。开始猎杀海象和企鹅。

20世纪：开始南大洋的捕鲸活动。该地区的鳍鱼类、蟹类和鱿鱼捕捞量也逐步增加。

20世纪70～80年代：南大洋磷虾捕捞急剧增加。磷虾是以浮游生物为食的小型甲壳类动物。它们是鲸鱼、企鹅、海豹、鱿鱼和鱼类的重要食物来源。

20世纪90年代：磷虾捕获量下降，部分原因是引入了鼓励磷虾可持续捕捞的配额制度，此后一直保持稳定。今天，大多数磷虾在水产养殖中被用作饲料，也用作鱼饵，或作为牲畜和宠物的食物。

南极大磷虾：*Euphausia superba*

©Uwe Kils／世界气象中心

南极条约

《南极条约》是较成功的环境保护国际协定之一。1959年12月1日，由12个国家在华盛顿签署了该条约，这些国家的科学家在1957—1958年的国际地球物理年期间一直活跃在南极洲及其周围地区。

该条约于1961年生效，此后又有许多其他国家签署加入。

该条约旨在保护南纬60°以南的陆地和冰架。1964年，通过了《保护南极动植物议定措施》。这些措施制定了一套通用的规则和条例，为特别保护区提供了额外保护。

南极赫歇尔山（3 335米高）。你可以看出前方海蜂钩（地名）的企鹅群吗？
©Andrew Mandemaker／世界气象中心

新建的高海拔阿蒙森-斯科特南极站。前方就是南极仪式点。
后面的12面国旗代表最初签订南极条约的国家
©美国自然基金委员会／美国南极项目组

该条约的其他重要条款包括：

- 南极洲只能用于和平目的；
- 应当维持在南极进行科学调查的自由和合作；
- 南极的科学观测和结果应进行交流并免费提供。

《南极条约》最初并不包括周围的海洋（南大洋），但科学家们开始担心，南大洋无管制的磷虾捕获可能会对南极海洋生态系统产生负面影响，于是就有了1980年通过的《南极海洋生物资源养护公约》。

该公约与《南极条约》《国际捕鲸管制公约》《南极海豹保护公约》一起，保护和管理着南极辐合带以南的海洋资源。这是环绕南极洲的区域（大约在南纬55°），该区域内从南极大陆流出的冷水遇到北边的暖水后辐聚下沉。

研究冰冻海洋

冰冻海洋是科学家研究的最具挑战性的海洋环境之一。海冰的存在和恶劣的条件——严寒、强风、风暴以及干燥的环境——使科学家无法轻易进入北冰洋和南大洋。科学家们有两种主要方法来解决这个问题：

斯瓦尔巴新奥尔松，北极国际科学研究的一个中心
©Karen Tait／普利茅斯海洋实验室

一个临时的北极科考营地
©Martin Hartley／Catlin Arctic Survey

- 在夏天，当冰较少时，可以使用科考船。有时破冰船会支援这些科考船。破冰船被特别设计成可以破碎新生成的一年冰，但即使这样的船也可能会被卡住！这些船可以停泊在浮冰附近，让科学家们可以在浮冰上或周围工作。

- 在有些区域，科学家在基地外开展工作。可以在特定科学兴趣的区域，临时或半持久地建设一些营地。在南极洲，许多国家都建有自己的基地。一些科学家和后勤人员（包括电工、厨师、建筑工人等）只是在夏季到基地工作，但也有少数人全年留在基地生活和工作。北极也有一些基地，但主要是由北冰洋沿岸国家和地区（如加拿大、俄罗斯、挪威和丹麦格陵兰岛）建立和管理。当人们在北极或南极“过冬”时，他们必须忍受24小时极夜的黑暗，−40℃以下的冰冻，超过每小时70英里的狂风。他们也可能面临野生动物的威胁，比如北极熊……

两艘破冰船
©美国海岸警卫队

北极海冰融化与全球变暖

自1979年引入卫星以来，每个季节海冰覆盖的面积（也称为海冰范围）一直受到密切监测。在此之前，海冰范围的最佳纪录来自19世纪的捕鲸船和极地探险。通过监测海冰范围的时间变化，科学家已经能够观察到随着地球变暖，北冰洋的海冰是如何变化的。

1979—2014年，每年9月（一年中海冰覆盖最少的时候）海冰覆盖面积大幅减少；9月份的最小海冰范围每十年减少13.3%。

海冰厚度也有所减少，较厚的常年冰也有所减少。如果这一趋势持续下去，总体上科学家们认为，在未来30～50年内，夏季北冰洋将会出现几乎完全无冰的情况。

图片展示海冰面积

©美国国家冰雪数据中心（NSIDC）

格陵兰塔西拉克是一个冰雪仙境，有着雪橇犬队、巨大的冰川，是世界第二大冰盖的家园

©Christine Zenino／世界气象中心

这将意味着什么?

更少的海冰意味着更少的栖息地，这可能会严重破坏北极的食物网。如果春季海冰融化过快，狩猎季节缩短，依赖海冰狩猎的原住民将会遇到困难。当地社区需要尽快适应新的生活方式，并可能失去许多古老传统。

无冰的夏天也意味着工业和商业组织将会开发新的资源。石油和天然气行业已经在勘探新的资源储备，捕捞船队正在寻找新的渔业资源，航运业正在寻找更短的航运路线。

格陵兰岛冰川落入大西洋中
©Tim Norris／Flickr

利用新资源获得收益是以环境为代价的。北极仍然是一个充满挑战、困难重重的区域，在冬季和恶劣天气期间的灾害风险也会更多。

结论

北极和南极的冰冻海洋在调节全球气候方面发挥着极其重要的作用。通过将阳光反射回太空，海冰维持着极地地区的寒冷。由于海冰周围的海水盐度高，这种密度大的冷水会下沉，有助于深海海流的循环。

科学家们担心，全球变暖可能会导致北极和南极海冰融化，甚至导致夏季北极无冰。这将影响极地食物网，利用海冰进行狩猎的人类群体不得不适应这些变化。为了保护南极，制定了《南极条约》和一些公约。

关塔那摩湾的光照区

©Shane Tuck／美国海军

真光层

12

海洋表层阳光充足适合浮游植物生长，在这里可以找到绝大多数海洋生物。

Frances Hopkins，普利茅斯海洋实验室

虽然海洋辽阔，平均深度为3 720米，但海洋中的大多数生物都生活在表面非常薄的一层中，这是因为阳光最多只能穿透200米左右的海水。令人惊讶的是，一杯海水可能含有数十亿的病毒、数百万的细菌细胞、数十万的浮游植物和数万的浮游动物。

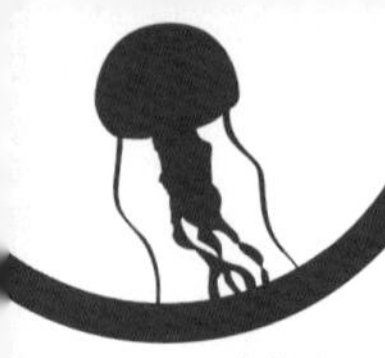

微小的生命
但具有重要意义

海洋的真光层是浮游植物（微小的单细胞植物，肉眼几乎看不见）生活的地方。尽管浮游植物体积很小，但它们对我们的星球有着巨大的影响！海洋浮游植物只占地球上所有生物量的1%，但却完成了将近50%的光合作用！

如果浮游植物是海洋里的草，那么浮游动物就是牛。浮游动物是以浮游植物为食的微小动物。它们是像螃蟹和龙虾一样的甲壳类动物，但体型却要小得多。浮游动物是许多其他海洋生物的食物：从我们喜欢吃的鱼类和贝类到巨大的鲸鱼都以它们为食。

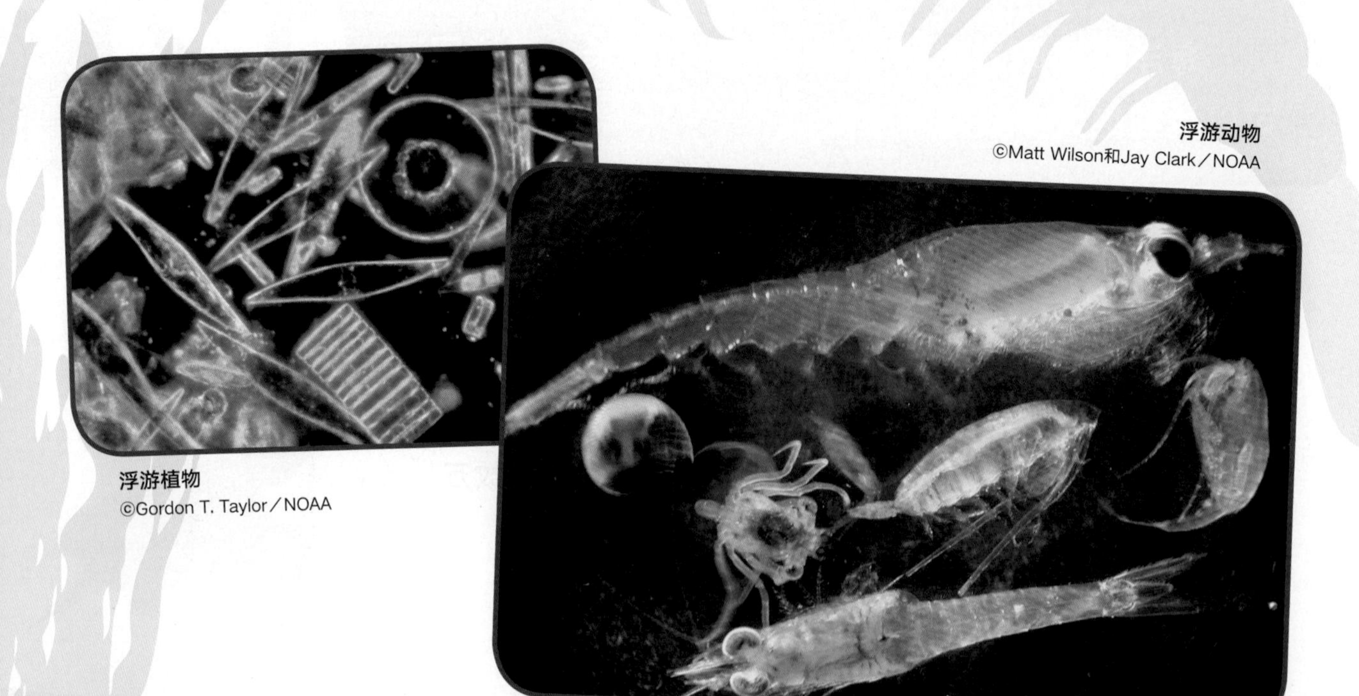

浮游动物
©Matt Wilson和Jay Clark／NOAA

浮游植物
©Gordon T. Taylor／NOAA

人类和浮游生物

除了形成海洋食物网的基础，真光层中的浮游植物还发挥着其他重要作用，包括帮助海洋吸收和储存大量二氧化碳（CO_2）。

当浮游植物进行光合作用时，它们从大气中吸收二氧化碳。这对我们人类非常有益，因为它减少了大气中这种温室气体的总量。然而，人类继续释放大量的二氧化碳，这对海洋来说并不是件好事，因为人类排放的二氧化碳正在改变海洋表层的化学成分。

当二氧化碳被海洋吸收时，会使海水的酸性变强。这一海洋酸化的过程正在以很快的速度发生，海洋科学家们担心这一过程影响到生活在海洋中的生物。

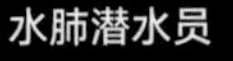
水肺潜水员

©Pachango／Flickr

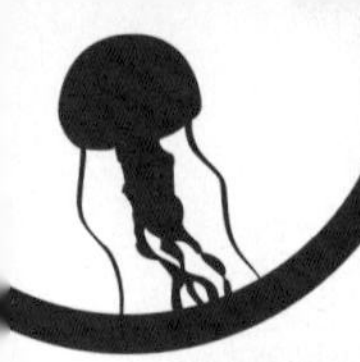

研究海洋

海洋的运动

海洋持续不停地运动。巨大的海流在整个地球上传递大量的热能，将温暖的海水从赤道带到更高纬度，并将较冷的水带回到赤道。海洋表层2.5米内蕴含的热能比整个大气层中的热能还要多。

海流对食物链和生物多样性也至关重要，因为它们将营养物质、鱼卵和幼鱼分布在整个海洋中。沿着南美洲东海岸从南极洲向北流动的洪堡洋流（“秘鲁寒流”的旧称）为庞大的渔业资源提供了生活条件，这些鱼类又吸引来海鸟、哺乳动物和人类：该地区支撑着一些世界上最大的渔场。

从太空拍摄的苏格兰海岸藻华暴发

©欧洲航天局

你知道吗

1992年，一艘集装箱船在从中国香港开往美国的途中因遭遇恶劣天气丢失了29 000只橡皮鸭（以及海狸、青蛙和海龟）等玩具货物。事实证明，这些小塑料玩具帮助我们更好地认知了海流。在丢失后的22年里，这些塑料玩具已经被冲到了世界各地的海岸上，包括夏威夷、阿拉斯加、南美洲、澳大利亚和苏格兰。有些甚至被包裹在海冰中穿越了北冰洋！

这些漂浮玩具被称为“友好漂浮物”。通过追踪和绘制这些橡胶玩具的海上流浪过程，海洋学家已经能够预测或“模拟”更多橡胶玩具可能出现的地方。多亏了这个偶然的科学实验，我们现在对海流有了更深入的认知！

Curtis Ebbesmeyer是一位海洋学家，他仔细研究了友好漂浮物
©Rick Rickman／NASA

太平洋巨型垃圾带

表层海流是由风驱动的，风吹的方向相当稳定且可预测。当两个方向相反的风吹过海洋时，会形成巨大的环流。这些被称作大洋环流。

从本质上来说，大洋环流会将周围海洋中的垃圾带进来，并慢慢积累这些物质——人类已经向海洋中投放了大量垃圾！一旦这些垃圾被环流困住，很长一段时间内都不太可能再次脱离出来。北太平洋因其积累的大量塑料垃圾而臭名昭著，现在被称为太平洋巨型垃圾带。海洋中的塑料垃圾不仅影响观感，还会对野生动物产生有害影响。在海洋表面或附近觅食的动物在进食时可能会意外摄入塑料和其他废物垃圾。海龟经常把塑料袋误认为水母，像信天翁等海鸟可能会被碳酸饮料包装上的塑料环卡住。有些动物会误把塑料喂给它们的幼崽。令人悲伤的是，许多动物因此而死亡。

塑料的密度较轻，阻止阳光照射到海洋表面以下的藻类和浮游生物。这是一个问题，因为这些生物需要阳光来进行光合作用。藻类和浮游生物的减少会对更广阔的海洋食物网产生连锁效应，这种连锁效应沿着食物网能够一直传递到鲨鱼和鲸鱼等捕食者物种。

没有人确切知道太平洋巨型垃圾带有多大，但关键的一点是——它不应该在那里！由于垃圾带位于公海，没有一个国家对此负责。即使我们能合作进行清理，也会出现很多问题。例如，任何用来收集塑料的网具也会误伤鱼类。然而，我们能做的就是阻止它变得更大！很多行动和组织致力于提高对海洋垃圾的认识，并鼓励负责任地处理垃圾。

住在塑料罐里的寄居蟹
©Matt Doggett／聚焦地球

海里还有很多鱼吗？

Annie Emery、Nicole Franz，联合国粮农组织

海洋，尤其是真光层，为人类提供了高营养的食物，包括鱼类、甲壳类、软体动物、双壳类和水生植物。大约有30亿人特别依赖鱼类作为饮食中重要的蛋白质来源（资料来源：联合国粮农组织，2012）。更重要的是，有6.6亿～8.2亿人受雇于全球渔业和鱼类养殖业（资料来源：联合国粮农组织，2012）。因此，必须有效管理渔业以确保海洋能持续提供大量的鱼产量。

许多发展中国家的渔业部门仍然是小规模的，包含渔民个体户或使用鱼线、渔网和渔笼的小团队，这些工具通常是手工操作的。随着国家越发达，它们的渔业也变得更加工业化。例如，许多欧洲国家、美国和日本都有高科技设备的大型渔船队，可以在专属水域和全球海洋中进行大规模捕捞。

随着捕捞技术越来越工业化，以及全球对鱼类需求的增加，捕捞对海洋环境的影响也越来越大。特别受欢迎的海鲜种类（例如某些种类的鳕鱼和金枪鱼）已经被严重地过度捕捞，导致其种群难以恢复。其中一些物种已被世界自然保护联盟列入濒危物种红色名单。

与此同时，很难准确控制被大网捕获的鱼种，这意味着“错误的”种类或体长不合适的鱼（非捕捞目标的鱼），也就是副渔获物，经常出现。不幸的是，副渔获物经常被丢弃（例如被扔回

鱼群
©Digital Vision／Thinkstock

海里），这意味着某些渔业资源（例如北海的鲽鱼和比目鱼）实际上在没有被消费的情况下却仍受到损害。在海底拖网捕捞产生的丢弃物可能特别多。过度捕捞和丢弃不仅对鱼类和海洋生态系统有害，还威胁到渔民后代生计的可持续性。

在布基纳法索市场上卖鱼的女人
©Alessandra Bendetti／粮农组织

为了更加可持续地管理渔业，许多区域性渔业管理组织、国家和国际政府组织正在实施捕捞配额：限制某些鱼类的捕捞量。欧盟通过其《共同渔业政策》设定配额。目前正在对此进行改革，并正在考虑一些减少丢弃副渔获物的方法：

:: 帮助渔民制定措施以避免不必要的副渔获物，方法是使用选择性渔具，或在重要的时间（例如鱼类繁殖时）关闭某些区域禁止捕捞。

:: 允许可能捕捞到混合物种（例如鳕鱼、黑线鳕）的渔船对所有这些物种设定配额，而不是一次只允许捕捞一种鱼类。

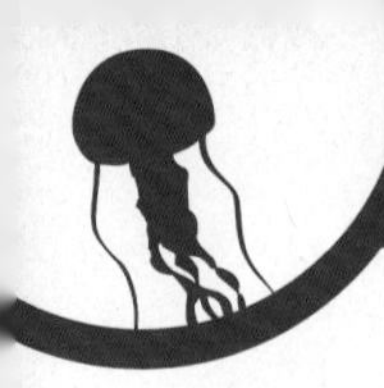

真光层的科学研究

科学家通过两种方式研究海洋表面的情况：从空中和科考船。

从空中研究海洋

地球一直处于太空监测之下。数百颗卫星正在绕地球轨道运行，观察下面发生的事情。这种对地观测被称为“遥感”，其中一些卫星专门设计用来观察海洋表面上下的情况。

这些卫星上安装了一系列不同的传感器，能够测量从海面温度、波高到水色的任何信息。科学家们对水色很感兴趣，因为它可以用来衡量水中浮游植物的数量，甚至是浮游植物的种类。这是因为不同的浮游植物种类含有不同的色素，颜色从棕色到绿色再到红色不等。遥感对于海洋科学家来说是一个非常有用的工具，因为它提供了海洋表面附近正在发生的最新信息。（如果你还记得，遥感还可以应用于研究其他与海洋有关的栖息地，如红树林和盐沼！）

通过科考船研究海洋

毫不奇怪，搞清楚海洋中正在发生什么的最好方法之一就是去那里。科学家们乘坐科考船研究海洋，这些船专门为最先进的科学研究而建造。科考船被设计成拥有足够实验室空间，可供大量科学家携带所有设备上船。它们可以把科学家带到世界上任何一处海洋，从炎热的热带到冰冻的北极。

科学家们在海洋中部署了一个温盐深（CTD）采水器，用于测量温度、盐度、深度和其他感兴趣的要素。它也被用来从海洋的不同深度取样
©普利茅斯海洋实验室

结论

在海洋中的真光层能够发现大多数生命，从微小的细菌、病毒和浮游生物到如鲸鱼、海豹和海豚的大型哺乳动物。这也是许多捕捞活动进行的地方。渔业对全世界数百万人的生计至关重要，但我们对鱼类日益增长的需求正在改变海洋生态系统。

人类也在以其他方式影响海洋的真光层。海洋不断运动，在整个海洋中输送着生命和热量，也有助于输运我们人类和我们的垃圾。北太平洋的某一大片区域现在臭名昭著——堆积了大量塑料垃圾。没有一个国家能够控制公海，因此让各国共同努力克服这些问题是一项挑战。

印度洋脊西南部海面以下2 800米的
热液喷口烟囱（Jabberwocky）

深海宝藏

13

浩瀚深海是惊人的生物多样性家园，同时也为我们每天的生活提供了重要资源。我们该如何珍惜深海生物和海洋财富？

David Billett，国家海洋中心

深海的绝大部分从未被人类亲眼看到过。相比于其他海洋生态系统，我们对深海生态系统所知甚少。我们只知道它是一个迷人的地方，包含了奇妙又古怪的海洋生命，以及令人惊叹的海底特征。深海的许多物种生长极为缓慢，这些生物以及深海海床的精细物理结构在外界干扰下显得极为脆弱。

深海特征

- 80%的海洋深度超过1公里。
- 76%的海洋深度在3～6公里。
- 陆地上的生命都被限制在最高树木到地面这样一个薄层里，这也意味着地球上容纳生命的空间99.5%是在海洋里面。
- 海洋中动物物种有1 000万～1 500万，而微生物种类有接近10亿。
- 在深海中水体质量产生压力，每10米增加一个大气压。在4 000米深的地方，压力相当于一只大象全部站在你的大脚趾上。
- 绝大部分海洋中，温度随着深度增加而降低。4 000米深的水体通常温度为2～4℃。

从上至下：

沿着加拉帕戈斯裂谷上一个大裂缝的枕状熔岩
©NOAA

夏威夷Loihi火山上由氧化铁形成的非活性热液烟囱
©NOAA

泥质海底
©NOAA

背景图片
深海
©Barun Patro／SXC

神秘的海底地形

巨大的山脉横贯主要大洋。大西洋中脊，长约16 000公里，超过了喜马拉雅山、安第斯山和落基山脉的总和！大洋中还有将近100 000座孤立的海山，峰顶有几千米高。深海还有像峡谷一样的海沟，最深可达11公里。这些地貌是地球上两块大型板块相撞，一块板块被迫在另一板块底部俯冲形成。在海山和海沟之间延伸着广袤而平坦的海底平原，有将近一半的深海海底被泥覆盖。

旧金山湾三维水深地形图
©NOAA

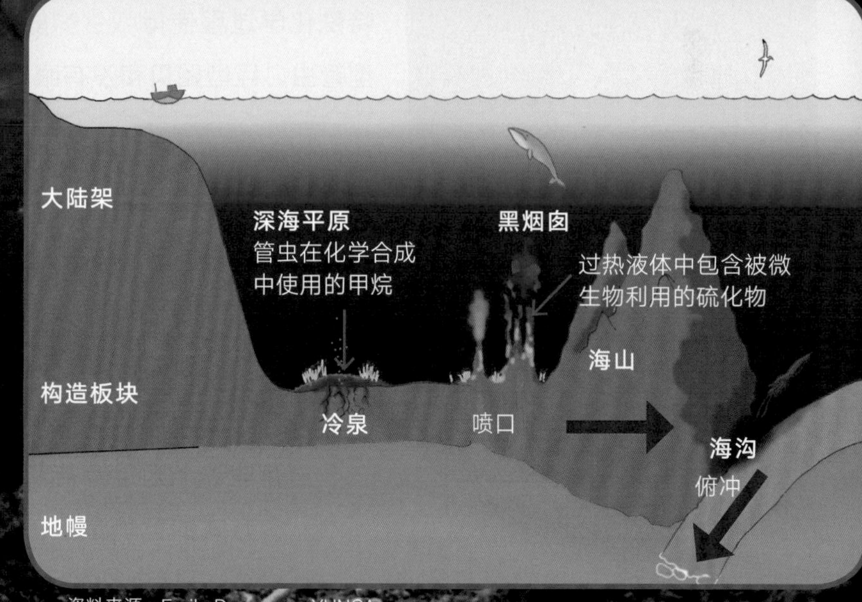

资料来源：Emily Donegan，YUNGA。

深海的光和生命

深海生命适应了压强、温度、光和含氧量的特殊组合，导致生命物种在整个海洋都存在连续而复杂的变化。

阳光在水体深处快速衰减。前文有提到，在黑暗的海洋深处，水体有时会被能够生物发光的生物闪耀。许多生物甚至没有眼睛，不能看到自己发出的光。听起来很怪异对吧……

植物是海洋食物网的关键基础，但是它们不能在黑暗的深海生存。相反，新的生命形式可以通过两种独特过程的化学能形成。在第一种过程中，微生物通过利用海底更深处的冰冻甲烷释放的甲烷气泡产生能量。第二种过程发生在海底热液喷口附近，过热的液体从海底所谓的“黑烟囱”喷出，微生物利用硫化物，特别是硫化氢，来产生有机物质。热液喷口和冷泉的特殊化学过程使得微生物能够支撑与众不同的生命形式——巨型管虫、巨型贻贝和没有眼睛的深海虾。

然而，即使在海洋最深处，大量动物还是依靠真光表层的光合作用产生的食物来源。不同的动物采取不同的方式来获得食物：

- 浮游动物通过每天晚上“马拉松”式的游泳，从黑暗但安全的深海游到食物丰富的表层水体，通过这种办法，它们平衡了觅食和逃避掠食者之间的竞争压力。
- 有些物种则是等待从表层水体沉落下来的食物。这种觅食方式的竞争激烈，因为越深处食物越少。海表层的有机物，只有1%能沉落到4 000米的深度。

南大洋斯科舍洋脊“黑白”热液喷口系统位于海面2 400米以下
©南安普敦大学

因此，深海的大部分区域都缺乏食物。与表层相比，这里的动物也少很多，而且很大比例是体型较小的生物，这些动物已经适应了深海环境，例如海参。但是，考虑到深海体积所占的巨大比例，它对于全球海洋有深刻的影响。健康的深海生态系统有助于水体中关键营养物质的补给。这些营养物质在海表层重新被浮游植物利用，继续生成生命所需的氧气。没有深海的参与，生命将迈向终止。

尖牙鱼
©David Shale

深海章鱼
©David Shale

背景图片

环太平洋地震带2006年调查。如果我们在陆地上观察这种类型的喷发活动，我们将不得不逃命！在充满硫磺的水坑里，560米（1 837 英尺）的水柱降低了喷发威力。同时，水体很快减缓了岩石和火山灰猛烈喷出的速度
©水下环太平洋火山地震带2006年科考航次，NOAA 热液喷口系统项目。

人与深海

人类正在通过捕捞、油气开采和新矿开采直接改变深海生态系统。人类对气候的影响，间接对深海产生影响，从而也影响深海生物的食物数量。

捕捞：深海底拖网（拖着大网横跨海床）可发生在1 500米的深度，在这个深度范围内，许多海山的顶部都已经被严重影响。这些海山上的深海珊瑚已经生长了2 500年，并且它们一旦被破坏，就只能以极慢的生长速度恢复。一个小时单次底拖网造成的珊瑚损害，需要几百年来恢复。

深海渔业通常在一个区域只能维持几年，然后再也没有足够的鱼来支撑渔业。这是因为相比于近岸和陆架海，食物的稀少导致深海的物种资源需要更长的时间来恢复。

石油和天然气开采：石油和天然气开采活动可延伸到3 000米深处。对海底的物理影响通常很小，但如果在某个深度发生“井喷”，整个海洋盆地都可能受到石油污染的影响，例如2010年墨西哥湾的深水地平线事件，整个洋盆都可能受到石油污染的影响。有些深海峡谷的规模和陆地上美国大峡谷一样大，这些深海峡谷是有机物和污染物从海岸区域进入深渊的“快车道”。

从上至下：

英国格里姆斯比退役的深海拖网渔船。在20世纪70年代冰岛和英国之间的“鳕鱼战争”之后，许多英国拖网渔船停业
©John Gulliver／Flickr

深海的洛菲利亚珊瑚礁和柳珊瑚
©JAGO-Team GEOMAR Kiel

拖网捕鱼对洛菲利亚等深海珊瑚的影响
©Jan Helge Fosså／海洋研究所，卑尔根市

生物勘探

Salvatore Arico，联合国教科文组织

海洋的生物多样性是独一无二的，在世界的某些地方，生物物种的密度惊人。例如，在印太海洋，许多地方每平方米有多达1 000个物种。数百万年来，物种已经发展进化出独特的功能，从而能够适应如高压、高温和高盐水平的极端环境。正是这些独特性能为开发治疗各种人类疾病的新药提供了令人振奋的潜力。这种从动物和植物中探索开发新产品被称为生物勘探。

基于海洋生物的产品已经进入市场，用作哮喘、肺结核、癌症、老年痴呆症和囊性纤维化等患者的处方。其他行业，如石油或造纸，也在深海生物勘探中有望取得进展。深海海底的海洋生物勘探正在迅速发展，人们对在热液喷口、冷泉和类似泥火山和盐池的深海构造以及海山上发现的生命形式很感兴趣，因为可能存在很多的地方性物种。

如今，在深海生物资源方面，以研究或经济利益为目的对深海进行勘探还没有受到法律限制。然而，这引发了一些问题。首先，由于这种新发现的“蓝色黄金”大多位于国际水域，因此可以说，深海中的基因资源属于全人类，因此应该公平地开发。其次，如果我们要保护这些宝贵资源和它们的生态系统，我们就必须以可持续的方式开发这些资源。

本文首次在联合国教科文组织《科学世界》杂志出版（2006年4—6月第4卷第2期第19-23页），并经编辑许可复制。

深海矿物

深海中有三大矿物来源：锰结核、富钴结壳和多金属块状硫化物。

锰结核是马铃薯大小的岩石状矿物，位于4～6公里深处的沉积物表面，主要分布在热带太平洋和印度洋。它们的形成非常缓慢——每百万年只有几毫米！它们通常被称为多金属结核，因为它们含有多种金属，如镍、铜和钴。价值最高的结核分布在太平洋夏威夷和墨西哥之间的广大地区。据估计，深海中有5 000亿吨结核可供开采……

富钴结壳在海山的侧面慢慢地形成约25厘米厚的层，一般位于在800～2 500米深度。它们的形成时间长达6 500万年。最丰富的结壳出现于热带西太平洋深处。

多金属块状硫化物是由海底热液喷口渗出的过热流体在海底或附近冷却形成的。热液喷口烟囱就是由这些硫化物构成的。一些硫化物矿床的金属（如金和银）含量是陆地矿床的10倍。

从上至下：

锰结核

©Koelle／世界气象中心

钴

©Jurii／世界气象中心

大洋中脊Endeavour段的热液喷口。从喷口流出的浑浊液体温度在300～400°C，含有高浓度的硫化物。随着时间的推移，这些硫化物形成了巨大的烟囱

©Neptune Canada／Flickr

管理深海采矿

深海采矿发生在离我们生活很远的地方，这样做的好处是看不见，而且“不在我们的后院”。但这并不意味着我们应该忽视它们的影响！这些矿物位于我们不了解的地方，而且，科学家们还不清楚采矿可能对深海生态系统产生的影响。

许多矿产资源位于公海，是全人类的共同财富。联合国成立了一个特别机构，即设在牙买加金斯敦的国际海底管理局，负责管理公海的采矿活动，并负责划定各个国家包括发展中国家的采矿收益。

如果要进行大规模深海采矿，需要克服一些巨大的困难：

- 采矿的物理影响，例如挖掘海山或结核矿田。结核是深海淤泥的坚硬表层，因此可以是海绵、海葵、软珊瑚等动物的栖息地。一旦结核被采走，需要上百万年形成新的结核。
- 采矿作业会搅动海床，形成羽状的沉积物扬尘，从矿区向外延绵数十公里，导致海底动物窒息。
- 结核、结壳或硫化物等会被带到水面上，由船进行初步处理。这个过程产生的残渣将被排回大海。
- 化学变化可能会将有毒污染物引入海洋环境。

深海的很多经济矿藏可以用到你的手机、PC和电视上。为了继续享用现代科技，能够接受深海海洋生态系统破坏到什么程度？这将由你们来决定！

很少有人知道我们每天使用的各种金属是如何生产的，矿业对生态系统有什么影响，以及我们如何计划将这些影响减少到最低程度。

以你的手机为例，它不仅仅是塑料外壳；电池、屏幕、芯片和电路中都有金属。手机可能含有银、金、锂、锌、镍、铜和锰以及其他特殊金属。

目前，这些金属大多来自陆地开采，但工业界正在寻找包括深海在内的替代来源。金属的价格正在不断上涨。

外形像棕榈树状的海百合，是一种可以在海底缓慢移动的动物
©NOAA

深海科学

许多科学家都在尝试了解深海中生活着什么，以及它们是如何生存的。但深海研究极具挑战性：深海压力太大，人们无法下潜到超过约150米的深度，取而代之的是水下航行器。有些水下航行器可以实现载人功能，例如深海挑战者号，但更多的是水下机器人。这些水下机器人配有图像和标本采集设备；一些水下机器人具有预编程的独立系统，一些水下机器人则是由人员在船甲板上进行控制。

深海挑战者号

位于西太平洋的马里亚纳海沟的挑战者深渊是地球上已知的最深点，深达11公里。2012年3月，由电影导演詹姆斯·卡梅隆带领的一个科学家和工程师团队，将一辆特殊设计的深潜器（深海挑战者号）下潜到挑战者深渊这个人类从未探索的神秘地带。深海挑战者号装配了摄像头和采样机械臂。

一些有趣的数据：

- 深潜器下潜到挑战者深渊需要2小时左右，下降速度约为每分钟150米。
- 深海挑战者号潜航员呼出的水汽被收集，以备紧急情况下作为饮用水。
- 潜航驾驶室是一个109厘米宽的圆球体，空间很小，因此潜航员在整个潜航期间只能一直弯着腿。
- 马里亚纳海沟底部的压强相当于海表面压力的1 000倍。如果不借助于深海挑战者号或其他深潜器的压力控制，人类不可能进行深海探索！

深海挑战者号——和其他很多深潜器不同，这个深潜器可以载人

©Ben R／Flickr

结论

黑暗、寒冷、神秘，深海是一个难以调查的生态系统。深海动物进化出应对极端环境的各种方法，通常比浅水中的类似动物活得更久，繁殖速度更低。有些生物可以自己发光。在热液喷口和冷泉可以找到独特的生命形式，在这些区域依靠化学过程存活的微生物支撑着食物网。

我们对深海所知甚少，但是我们已经开始认识到深海生态系统的重要性。它不仅支撑着其他海域的生物，而且能够为人类提供有用的自然资源，包括新型基因和镍、铜、钴、金、银等矿产。虽然大量海底矿产还未被开采，但是人们一些活动，例如深海底拖网，已经严重损坏了深海珊瑚。深海群落也受到其他人类活动的破坏，例如海床处的大规模石油井喷（2010年墨西哥湾事件）。现在是时候思考，在满足日常生活需求的同时，人类对深海生态系统的影响在什么程度上是可以接受的。

D部分

海洋行动

潜水员探索海洋奇观
©Comstock

你和海洋

14

为什么不启动一个有助于保护海洋的项目？

Jennifer Corriero，TakingITGlobal；Alashiya Gordes，联合国粮农组织

读完这本手册，你现在知道海洋对地球上的生命有多重要了。所以现在是时候采取行动保护海洋了！思考一下海洋目前面临的威胁——其中哪一个对你来说最重要？世界各地的年轻人已在带领许多卓有成效的海洋项目，用以保护和养护海洋环境和海洋生物多样性。现在轮到你采取行动了：继续阅读，学习启动海洋项目的六个简单步骤！

确保安全和正确

无论你住在哪里，你都可以开始一个海洋项目。然而，如果你要去海边，请确保采取了安全预防措施。因为，海洋可是一个不可预测的地方。你还要确保你的行为不会破坏海洋环境。记住一句话：“只带回照片，只留下脚印。”请注意如下事项，并在开始之前仔细想好需要考虑的其他安全问题。

埃及库塞尔城

©J. Hutsch／世界气象中心

英国和爱尔兰海洋生物信息网整理了一份海岸行为规范守则，其中包含如何照顾自己和保护海边动植物的建议。包括：

:: 在你出发之前，告诉别人你要去哪里，什么时候回来，并查询天气和潮汐的情况。如果可以，记得带上手机。

:: 踩在礁石上要特别小心，礁石可能很滑或不稳。要远离悬崖，因为它们可能会坍塌。

:: 不要把活的植物或动物带回家。如果你真的把贝壳带回家，确保它们只是空壳。

:: 带走你的垃圾，因为这些垃圾对人和野生动物有害，并破坏当地景观。

:: 报告你发现的任何异常情况，除非确定安全无误，否则不要触摸任何东西。

:: 尊重所有生物，将任何石头或海藻放回你发现的原处。

:: 吃东西前要洗手，回家后也要洗手！

保证安全的其他提醒事项：

- 避免泥泞的海岸，你很容易陷入淤泥。
- 当心海浪，尤其是岩石附近的海浪，它们可能比你想象的更大、更强。
- 如果海滩或海岸上有任何警告标志（如海滩关闭或禁止游泳），请严格遵循指示。
- 不要在无人监管的地方下水游泳。如果可能，只在有救生员巡逻的海滩游泳。确保你知道你组里的其他人在哪里。
- 不要饭后立即游泳。
- 不要在管道、入海口、礁石、防波堤和码头附近游泳，也不要从这些地方跳下。
- 如果在水中遇到麻烦，不要惊慌；举起一只手臂，漂浮起来，直到救援到来。如果你发现你正处于离岸流或暗流中，那就随流漂浮；不要试图逆着水流游泳。
- 只有当你是一名优秀的游泳运动员并且水面平静时，才使用潜泳呼吸管。
- 去海滩时带上急救箱，以防万一。
- 如果你决定在YouTube等网站上传图片或视频到互联网，在网上发布任何东西之前，一定确保得到了图片或视频中的每个人（或他们的父母）的允许。

改变海洋的6个简单步骤

这6个简单步骤主要改编自TIG组织创作的《项目手册》，也同时咨询了世界各地的青年英才。

你可以用这些步骤来策划和执行你的海洋项目：

1. 认真思考——激发灵感
2. 确定目标——求知若渴
3. 带领并动员他人参与
4. 建立联系
5. 计划和行动
6. 产生持续的影响

格陵兰岛冰山
©Brocken Inaglory／世界气象中心

认真思考——激发灵感

认真思考你希望带来的变化，无论这些变化发生在你自己、你的学校、你的社区、你的国家，甚至是整个世界上。思考是谁或什么事物能够激励你采取行动。找出那些能够启迪你灵感的源泉，让它们帮助你找到力量，将梦想照进现实。

产生持续的影响

检查和评估是管理项目的重要组成部分。在你的整个项目中，你将会想要确定面临的阻碍和吸取的教训。记住，即使你没有达到所有目标，你也很可能影响到了别人，经历了你自身的成长！在项目结束时，你可以重温笔记，思考下一次项目如何从本次项目中吸取经验……即使你自己的项目已经结束，你也还可以试着鼓励其他年轻人参与你关心的海洋问题。

计划和行动

现在你已经准备好采取行动了，是时候开始认真地计划了……你已经对你想要解决的问题有了一个想法，现在该选定一个你可以为之努力的目标。当你设置好计划，保持积极和专注心态。如果遇到挫折，不用担心，很正常！你会在迎接挑战中学到很多东西。

1

6

5

2

确定目标——求知若渴

你对哪些问题最感兴趣？收集你感兴趣问题的相关信息，加深对它的认知。告诉自己，你是在为接下来的挑战做准备。

3

带领并动员他人参与

成为一个好的领头者，需要拥有丰富的技能，并且懂得如何提高他人能力。写下你和队友能够为项目提供的技能，思考每个人如何利用这些技能完成不同的分工。记住，好的领袖善于团队协作！

4

建立联系

人脉可以为你提供好主意、获取知识和经验，以及其他对项目的支持。你还在等什么？尽快构建你的人脉地图，并开始联系他们！

创建海洋项目的步骤

资料来源：改编自《行动指南：迈向变革的简单步骤》，TakingITGlobal，2006年。

1. 认真思考——激发灵感

认真思考你关注的海洋问题

花点时间认真思考，海洋面临的威胁中哪个对你影响最大？想象一下，如果人类与美丽的蓝色星球及其自然系统和谐相处，那个世界会是什么样子？

思考海洋遇到的威胁中哪个是你最关心的。或者思考你希望在本地和全球养护、保护和恢复哪些海洋动植物物种、栖息地或生态系统。

养护——意味着维持海洋生态系统和海洋生物群落的自然功能，以及它们的韧性（从冲击中恢复的能力），可以通过限制对自然资源的开发和使用来实现。

保护——你可以帮助宣传，让生态系统或物种受到政府法律或国际政策的保护。

恢复——有助于将退化的生态系统或栖息地“修复”到更接近自然、受损更少的状态，以便它们能够再次发挥作用。

问问你自己

你想保护濒临灭绝的海洋动植物物种吗？你想保护或恢复海洋栖息地或生态系统吗？你最担心海洋面对的哪些威胁？你认识因这些威胁而遭受影响的人吗？其他国家的社区怎么样？

获得灵感

通过了解当地和国际海洋项目获得灵感——阅读本章中关于青年人带领的海洋项目案例是一个很好的起点！你也可以开始在你的家庭、社区、学校或城市中寻找当地的海洋项目。

案例研究：Luisa Sette Camara

21岁，巴西阿布洛霍斯群岛

作为我大学法律学习的一部分，我研究了阿布洛霍斯海洋国家公园海洋水下噪声污染及其对海洋哺乳动物的影响。自从进行这项研究并了解阿布洛霍斯面临的威胁以来，我一直在倡导对该地进行更多保护。

阿布洛霍斯也深深地激励了我本人。印象深刻的是，阿布洛霍斯当地社区和海洋之间的关系如此紧密。社区尊重自然，认同自然的内在价值。没有必要通过研究或经济评估向他们展示火山群岛的重要性——他们早已认知。这种认知反映在当地文化中，其中包括叫做“马鲁贾达（Marujada）”的民俗庆典。歌唱与海洋相关的主题是庆典的重要元素。从自然的角度来看，阿布洛霍斯是一个独特的地方，是成千上万物种的家园和避难所。许多濒危物种仍然生活在那里——例如，它是座头鲸的繁衍地，而座头鲸几乎被商业捕鲸逼到了灭绝的地步。

我将阿布洛霍斯视为生命的代名词；一个从混乱的外部世界中寻找和平的地方——为了所有活着的生物，包括人类。

在阿布洛霍斯潜水的座头鲸

©Jonathan Wilkins／世界气象中心

2. 确定目标——求知若渴

找出你将要为之采取行动的海洋问题

根据海洋面临的威胁中你最关心的问题，或者你希望养护、保护或恢复的海洋资源，理清并聚焦对你而言最重要的问题。

制定一套你想回答的问题。下面有一些办法：

- 是什么让这个问题变得独特和重要？
- 关于这个问题，谁受到的影响最大，为什么？
- 这个问题在地方、国家、区域和全球有何不同？
- 已经采取了哪些不同的办法来理解和解决这个问题？
- 哪些团体目前正在努力解决这个问题？（考虑不同的部门，如政府、公司、非营利组织、青年团体、联合国机构等。）

列一个清单，把你找到的组织、出版物、网址等列在里面。

1……………………

2……………………

3……………………

4……………………

案例研究：拯救北极

2012年，为支持拯救北极计划，来自世界女童军协会（WAGGGS）的两名年轻女性，加纳的Sena Blankson（19岁）和秘鲁的Miryam Justo（30岁）加入了绿色和平组织探险队。这次的任务是利用各种技术和工具来测量冰层的厚度、密度和坚固性，以评估气候变化如何影响北极，还旨在让世界各大洲的人们见证气候变化给北极及其周围海洋带来的影响。Sena和Miryam协助这次探险中的科学家，并向他们学习。根据新获取的知识和经验，她们现在正努力向世界传播这个信息：北极的冰层正在减少——75%已经融化！北极对地球气候有自然的冷却效应，但这种效应正在随着冰盖面积减少而减弱，整个地球都将感受到后果（例如平均温度上升和降雨模式改变）。知道这些后，我们也应该将保护北极作为我们的首要任务——从今天开始！

观望北极熊
©世界女童军协会

斯瓦尔巴群岛废弃的煤矿
©世界女童军协会

出行
©世界女童军协会

3. 带领并动员他人参加
让你的项目走向成功

确定你的技能和特点，这将帮助你带领项目走向成功。从了解自己的优势和需求开始，然后考虑如何创建一个团队帮助你更好地实现目标。领导力还有一个重要组成部分，那就是帮助团队成员认识并利用他们自己的优势和才能来完成项目。同样重要的是，要确保所有相关人员和你一样有着努力共同实现的愿景。思考一下，那些表现出强大领导力的人，是什么让他成为一个好的领导者？你可以写下一个领导素质列表。例如：

- 忠诚度
- 热情
- 奉献
- 公平
- 诚实
- 创新性
- 主动
- 开明
- 责任心
- 远见

组建团队，动员他人参与

一旦你想清楚了你的个人领导力和目标，你就可以开始考虑发展一个团队，动员他人参与。从你身边认识的人开始，然后扩展到他们认识的人，不断延伸——你的团队会发展得很快！当你觉得准备好了，你也可以呼吁更多的社区参与进来。为了解决你最关心的海洋问题，你会如何鼓励他们参与你的项目？

列出你具有的领导力技能：

1 ....
2......................
3......................
4......................

列出你需要发展的领导力技能：

1......................
2......................
3......................
4......................

想想你认识的人里面，谁能参与你的团队，写下他们的名字：

1......................
2......................
3......................
4......................

你的团队成员能贡献哪些技能？

1......................
2......................
3......................
4......................

案例研究：Marlon Williams

28岁，伯利兹堡礁，伯利兹

Marlon正在抓捕入侵的狮子鱼

©托莱多发展与环境研究所

我在伯利兹南部里奥格兰德河一个“艰苦”的渔民家庭长大。我们的许多捕鱼方法（如钓线和鱼饵、渔网和鱼叉）都是我祖父母传下来的。这些做法中有许多实际上是非法的，但由于它们非常有效，我们以此为生，不得不使用它们。直到今天，我还记得如何使用这些工具。然而，随着年龄的增长，我也开始了解世界各地的鱼类资源是如何减少的，我和我的家人的做法只是一个大问题中的一小部分。我明白必须做出改变，也看到我的家人和社区找到了更可持续生活方式的机会。不幸的是，许多人仍然认为鱼类资源永远不会耗尽，这种心态迫切需要改变。我不指望我的社区或伯利兹的每个渔民立即改变他们捕鱼的方式，但我可以努力确保他们对此有最基本的认知。如果人们明白捕鱼而不让鱼类资源恢复将意味着有一天，他们或他们的孩子将无鱼可捕，他们最终也将理解资源保护和自然保护的意义。我现在在伯利兹大堡礁工作，在航行中我经常分享故事，告诉人们我曾经是一个进行过多次非法捕鱼活动的人，但是我现在已经转变成自然资源保护者和海洋生物学家。我相信，用我们的坦诚，我们可以感受人们的生活，改变世界。

测量狮子鱼体长

©托莱多发展与环境研究所

重新安置海龟巢穴以确保其安全

©托莱多发展与环境研究所

4. 建立联系

你可以通过各种关系寻找到一些你不认识但有可能愿意和你一起工作的人。他们可能与你的朋友认识；或者，为什么不通过一些海洋主题将你们联系起来？

你可以从参加海洋保护的活动和会议开始。先做一点小调查，看看你所在的地区有什么机会。

列出至少一条你想参加的当地活动：

……………………

……………………

……………………

……………………

……………………

……………………

……………………

……………………

5. 计划和行动
制定行动计划

到目前为止，你已经选定了海洋面临的主要威胁，你也对这些威胁进行了深入的了解，并对你自己和团队的技能做到了心中有数。你还知道动员他人来帮助实现目标的重要性。这意味着你可以开始制定行动计划了！

请记住你选定的主要问题，你希望行动计划达到什么目标或效果？这里有一些例子供参考：

鸟类和海滩，沙特阿拉伯的波斯湾沿岸
©Don Toofee／世界气象中心

养护

- 针对某一个特定海洋栖息地，发起防止该区域受到污染的活动。
- 增加对威胁到海洋环境的各种产品、休闲活动或工业活动的认识。

保护

- 发起活动，让你关心的某个生态系统被联合国教科文组织所认可。
- 将濒临危险的水下动植物物种列入国际自然保护联盟（IUCN）的濒危物种红色名单。

恢复

- 组织或参与清理海滩，恢复当地沿海环境。
- 在社区发起一场倡导消费可持续海鲜的活动，以帮助当地受威胁的鱼类资源恢复。

设计一个任务标语

任务

明确你的海洋项目想实现什么目标，把它作为一个任务的标语写下来：简短、清晰地阐明你的目标。例如：恢复本地海滩的海龟巢。

活动

什么活动可以让你实现任务目标？例如：组织一场关于海龟友好型海滩活动的宣传会。

写下你的目标：

进行头脑风暴，找出五个跟选定的海洋主题相关的可能性项目。行动起来才能帮助你实现目标。

1 ....

2 ....

3 ....

4 ....

5 ....

细化

清楚你的目标之后，先利用以下样表将你的项目分为多个具体的活动、资源、职责和截止日期。计划做得越细，越能保证成功。如果你的目标是恢复本地海滩的海龟巢，那么你的表格可以设计如下：

活动	资源	职责	截止日期
恢复本地海滩的海龟巢	:: 当地环保组织 :: 当地市政府 :: 好朋友及家庭成员 :: 其他更多人！	:: 我负责：与市政府、当地环保组织协商如何确保我们的活动不会影响到筑巢的海龟 :: 妈妈负责：帮助我在当地报纸上撰写一篇关于海龟友好型海滩活动的文章 :: 约翰和简负责：为宣传会设计海报和小册子 :: 诸如此类的其他事项！	6月8日 世界海洋日

实施

一旦你最终确定了计划，就要开始实施你的行动！花点时间记录你的进展，这样你可以检查和评估你的行动带来的改变。记录行动过程的照片和视频，做好备存工作。用日记或博客记录你的行动也是个好主意！

坚持按计划进行，但如果并非一切按计划进行，也不要惊讶。世事难料，在坚持计划的同时也可以灵活一点：根据实际情况带来的挑战，你也许需要对计划做些调整。所以记住，把整个过程当成学习来享受。

提高认识

创建宣传材料，如新闻稿和传单，进行公众宣传让人们了解你的项目！演讲是最有力的营销手段之一。你有没有用过社交媒体，例如Twitter、Facebook或Youtube？把你对海洋的热情分享给你的朋友和粉丝！保持热情和正能量，让听众知道他们为什么要参与，如何参与。

保持动力

一定要保持动力，特别是当你发现自己遇到挫折的时候。记住：每一次挑战都是一次学习机会。运用你的创造力，为每一个挑战想出新的解决方案：在行动中解决问题！

案例研究：Boyan Slat

19岁，海洋清理阵列

2012年，荷兰工程系学生Boyan Slat公布了一个获奖创意，可以用于清理五个大洋环流区域的漂浮塑料垃圾。今天，他和50多名工程师组成的团队一起工作，打磨他的设计，确定项目的可行性研究。基本想法是利用长条漂浮围栅，让它们在海流中移动，将垃圾废物导入固定的塑料处理站。收集的塑料被回收利用。

这个想法令人振奋，但是实施如此庞大的项目，要进行细心规划和评估。

Boyan在荷兰展示他的想法
©Boyan Slat

6. 产生持续的影响

全程检查项目，这样有助于在行动过程中根据遇到的变化而做出适当的反应，并且产生持续的影响。设置一些指标或对成功度的衡量将有助于你不偏航。指标越具体，就越容易评估你的成就。例如：

目标	指标
修复当地海滩的海龟巢	:: 参与项目的人数（或社区数） :: 项目锁定的海滩数 :: 作为项目的一部分，创建和分发的材料数 :: 宣传会后破坏海龟行为是否减少（尽量量化） :: 在主要宣传会一小段时间后，当地海滩海龟巢的数目（记得让环保专家教你如何小心清点海龟巢，且不打扰海龟！）

案例研究：Emilie Noveczek

24岁，哥伦比亚圣安德烈斯珊瑚修复区

我们经常把珊瑚礁称为海洋中的热带雨林，因为它们是海洋生命的热点。据估计，尽管珊瑚礁只覆盖了不到1%的海底，但它们支撑着近三分之一的海洋物种。不幸的是，这些拥有难以置信生物多样性的生态系统正在消失。专家预测，三分之一的造礁珊瑚面临即将灭绝的风险。

Emilie的同事检查珊瑚
©Emilie Novaczek

2012年，我在哥伦比亚圣安德烈斯的“海花”海洋保护区工作。我最喜欢的任务是去支持一个低技术含量的珊瑚礁修复项目。珊瑚礁修复是一个相对较新的领域，在加勒比海，我们重点关注两种极度濒危的珊瑚：鹿角珊瑚和麋角珊瑚。这些珊瑚建造了巨大的珊瑚礁作为许多其他物种的栖息地。然而，它们特别容易受到疾病、与水温有关的白化以及风暴或船舶的破坏。令人担忧的是，在不到30年的时间里，整个加勒比海和西大西洋的鹿角珊瑚和麋角珊瑚的数量减少了80%～90%。

珊瑚修复技术旨在增强残存的部分。在圣安德烈斯，我们收集礁体被船壳刮到打碎后的野生鹿角珊瑚礁碎片。我们小心翼翼地将它们附着在水下绳索形成的结构上，我们称之为“苗圃”（因为我们在那里培育珊瑚）。像我这样的科学家会定期实地测量生长情况，清除藻类或食肉动物，并处理患病的碎片。

珊瑚残片生长迅速，当它们达到茁壮的尺寸（大约10厘米）时，我们将它们种植在它们曾经生长的浅礁上。我们潜入水中，擦洗珊瑚生长的表面（如水下巨石）上的藻类，在表面钉上一个长钉子，用塑料链将幼年珊瑚牢牢固定在钉子上，这样它就有了所需的支撑物。

去年我种植了将近70个鹿角珊瑚的碎片。我的希望是，在接下来的几百年，我的群体将持续建造珊瑚礁，并最终将其变成重要的自然栖息地。当然，这只有在人类活动、污染和气候变化不会让珊瑚无法生存的情况下才会奏效。

珊瑚苗圃
©Emilie Novaczek

结论

现在，你已经通读了“改变海洋的六个简单步骤”，你已做好准备带领自己的海洋项目走向成功！请记住，这些步骤只供参考，你可以采用你自己的方式。没有完美的成功秘诀，因为每种情况都有所不同。你开启的每一个行动项目都是一个学习过程，它将激励你解决问题，发展你自己的技能和才能。

别忘了花时间记录和回顾你的进展。良好的记录习惯有助于你学习经验，也让你更容易和国内外人们分享你所学到的东西。作为年轻的海洋守护者，你能够帮助其他青年进行思考，获得灵感，并开始他们自己的行动项目！

使用“海洋挑战徽章”来激励你开始行动！
www.fao.org/docrep/018/i3465e/i3465e.pdf

参观美国乔治亚水族馆
©Brandon Barr / Flickr

水族馆之旅——沉浸式体验

附录

A

来水族馆的沉浸式之旅！

Emily Donegan和Alashiya Gordes，联合国粮农组织

不管你是水族馆常客还是初次体验，我们都相信你没有听说过这些我们珍藏的酷炫和疯狂的生物。

海洋充满了令人惊叹的生命形态，其中许多都被编入了《世界海洋物种名录》（WoRMS：www.marinespecies.org）。WoRMS促成了海洋生物普查（www.coml.org），一个为期十年的国际项目。它于2010年结束，有来自80多个国家的2 700多名科学家参加了该项目。

海洋生物普查出发点是为了评估有多少不同的海洋物种存在，它们生活在哪里，生物量有多少（“丰度”）。海洋生物普查成功地鉴别出1200个新物种，对海洋生物物种的数量估算从原先的230 000涨至250 000（还不包括微生物！）。这个研究非常有用，因为它让我们更了解现今生存的海洋生命，让我们可以估算物种数量如何变化，帮助我们更好预测这些数量将来会如何变化。因此，先来目睹一下海洋中一些奇怪而美妙的生命吧……

欢迎来到

水族馆

动物世界的冠军们

飞翔中的北极燕鸥

飞到月球

白色北极小燕鸥是迄今为止最铁杆硬核的动物迁徙者！它每年从北极迁徙到南极——距离约7万公里！它的寿命大约为30年，所以在它的一生中，它可以飞行超过200万公里。这足够在地球和月球之间往返三次了！

巨型鱿鱼，预计能长到14米，与人的比例如图所示

传说中的北海巨妖

巨型鱿鱼体型非常巨大。它是世界上最大的无脊椎动物，可长到14米。由于生活在冰冷的南大洋深处，人们很少看到活着的巨型鱿鱼，因此对它们的了解也不多。然而，我们知道他们的大脑非常小——而且形状像甜甜圈！最奇怪的是，它们的食道穿过“甜甜圈洞”，这意味着它们必须很好地咀嚼食物，以防止吞咽时食物块对大脑造成伤害！我们也知道它们被抹香鲸捕食——抹香鲸经常在巨型鱿鱼触手的钩子和吸盘上留下恶心的疤痕和圆形切口。巨型鱿鱼和比它稍小的近亲大型鱿鱼为世界各地航海文化中的神话和传说提供了灵感……

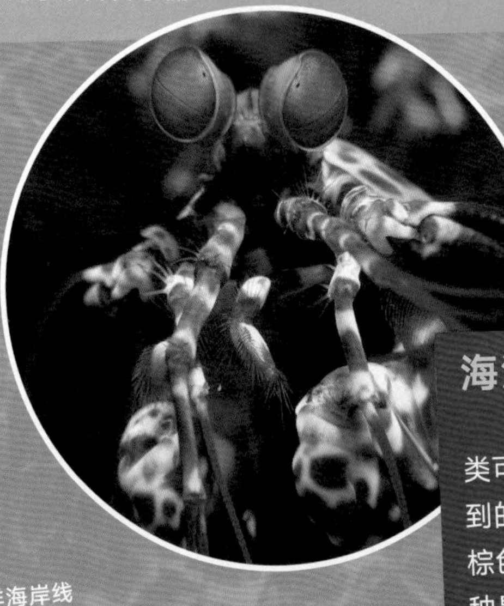

印度尼西亚阿洛群岛
发现的螳螂虾
©Prilfish

海洋中最快的扳机

螳螂虾被认为拥有动物界中最复杂的眼睛。我们人类可以探测到三种颜色（红色、黄色和蓝色）。我们看到的所有其他颜色都是这些颜色的混合（绿色、紫色、棕色等）而得。螳螂虾至少可以看出八种颜色——有五种是我们甚至无法想象的颜色！

螳螂虾也是动物界动作最快的动物之一：它们有一只爪子，可以用来敲开猎物的外壳，这种爪子可以达到每秒23米的速度（相当于子弹的速度）。这是如此之快，以至于当它的爪子进行撞击时，爪子周围的水能够沸腾！如果人类能够以其十分之一的速度甩动手臂，可以把棒球扔进轨道！

加州圣地亚哥的太平洋海岸线
附近发现的巨型皇带鱼
©LT DeeDee Van Wormer

鲱鱼之王

这种巨型皇带鱼是最长的硬骨鱼，长度可达11米。它呈银色，呈长带状，头上有一个红色的羽冠，看起来有点像皇冠，因此得名：鲱鱼之王。据信这种巨型带鱼可能被多次误报导成海蛇……

稀有和濒危的动物

海洋中的跑车

蓝鳍金枪鱼可以长达4米，是世界上最大的硬骨鱼之一。它们的鳃需要持续的水流来获取氧气，所以金枪鱼永远不能停止游动，否则它们会窒息而死。金枪鱼能快速游动——非常快。它们的加速比跑车还快，游速可以达到每小时70～100公里——而且它们的价格也比跑车更昂贵！金枪鱼肉是珍贵的美味；2013年1月，一条222千克重的蓝鳍金枪鱼在日本以1.55亿日元（约合170万美元）的价格售出！

意大利西西里岛法维尼亚纳的一群大西洋蓝鳍金枪鱼
©Danilo Cedrone／粮农组织

从死亡中回归来？

矛尾鱼被认为在6 500万年前已经灭绝，约与恐龙同时期。然而在1938年，一位博物馆馆长在南非当地渔民的渔获物中发现了一条非常有趣的鱼。那是一只活着的矛尾鱼！矛尾鱼实际上与我们人类这种哺乳动物的关系比与鳐鱼类（如金枪鱼、罗非鱼或宠物金鱼）的关系更密切。它们是世界上最稀有的动物之一。

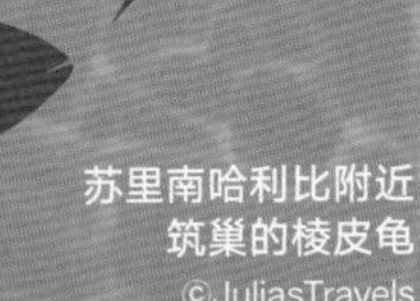

苏里南哈利比附近筑巢的棱皮龟
©JuliasTravels

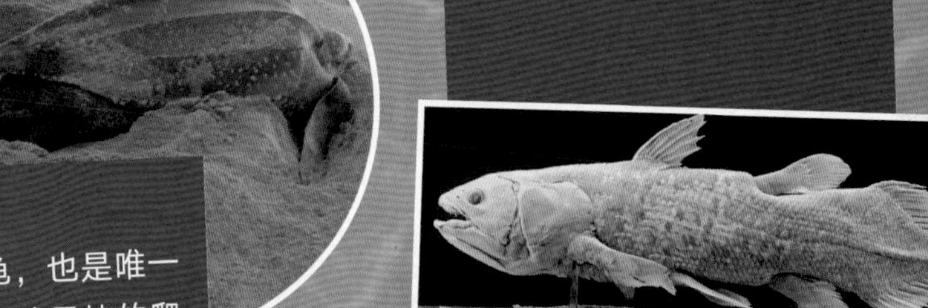

奥地利维也纳自然历史博物馆保存的矛尾鱼标本
©Alberto Fernandez Fernandez

创纪录的棱皮龟

棱皮龟是一种非常独特的动物。它是最大的海龟，也是唯一没有骨壳的海龟（因此得名“棱皮龟”）。它也是移动最快的爬行动物（以每小时35公里的速度游动，而人们通常认为海龟很慢！），是最深的潜水海洋动物之一（深至近1 300米！），即便是附在这类海龟身上的无线电项圈信号丢失之前的数据，也创造了脊椎动物最长的海洋迁徙记录（超过20 000公里）！然而，这些巨大的海龟正被丢弃的垃圾置于危险之中。例如，漂浮的塑料袋经常会让海龟窒息，因为对于饥饿的棱皮龟来说，它们看起来非常像美味的水母。

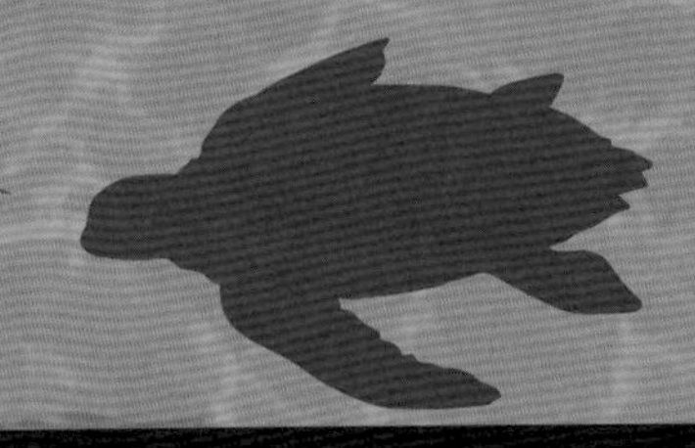

古怪的和精彩的海洋动物

来自澳大利亚悉尼沃特莫拉海滩的鹅藤壶
©Schomynv

藤壶鹅和鹅藤壶

藤壶鹅身体是黑、灰、白相间的颜色。鹅藤壶也是黑、灰、白颜色相间，形状有点像鹅的身体……这种模糊的相似性曾让中世纪的作者在书里认为，这些藤壶是生长在海里漂浮木头上的鹅蛋，当它们准备好的时候，就会像长着羽毛的鹅一样飞走——以便及时到达温带过冬。在人们理解鸟类迁徙规律之前，这个故事被用来解释鹅在夏季去哪里了（事实上，藤壶鹅去北极繁殖）。真是创造性的解释！

法国的藤壶鹅，你看出相似性了吗？
©Nabok／Flickr

改变性别的小丑鱼

小丑鱼在海葵蜇刺的触须间安家。海葵为小丑鱼提供了一个安全的港湾，为它提供了食物残渣和保护，因为没有捕食者能进入海葵区而不被严重蜇伤（只有小丑鱼对这种蜇伤免疫）。作为回报，小丑鱼让海葵保持干净和健康，并赶走任何吃海葵的鱼。它们以雌雄配对的方式生活在海葵中，旁边还有其他几只没有繁殖能力的雄性（小丑鱼都是天生的雄性！）。雌性是优势鱼，也是体型最大的鱼。当雌鱼死亡时，它的雄鱼伴侣体重增加转为雌鱼，而之前最大的非繁殖雄鱼转变为它的伴侣。

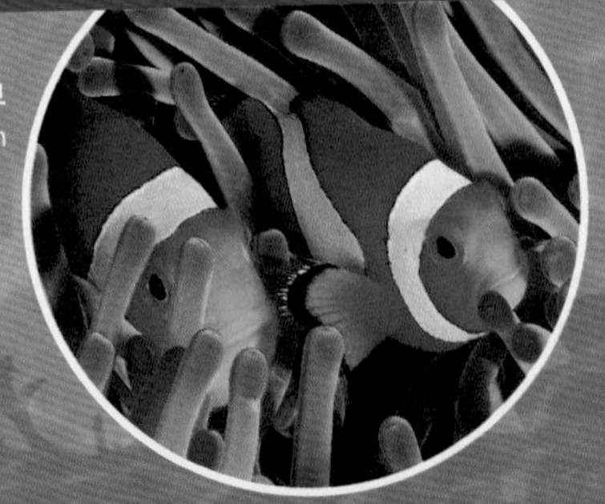

小丑鱼
©PDTillman

飞鱼
©NOAA

能飞起来的鱼！

飞鱼有长长的胸鳍（有点像相当于鱼的翅膀），这使它们能够在空中飞行以躲避水下捕食者。当它们感到威胁时，它们会快速甩尾离开水面，然后能用胸鳍在空中滑行约50米，高度可达海面6米以上。

冰鱼幼鱼
©Uwe Kils／世界气象中心

抗冻血液

南极洲周边冰冷的南大洋海底出现任何生物可能都会让你惊讶——因为那里的温度低到可以让人体血液结冰。但是南极冰鱼已经进化出一种特殊的抗冻蛋白来阻止血液结冰！它们是唯一没有血红蛋白、血液清澈的脊椎动物。

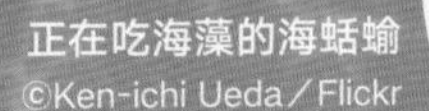

正在吃海藻的海蛞蝓
©Ken-ichi Ueda／Flickr

偷窃太阳能的海蛞蝓

海蛞蝓是一种海里以藻类为食的长似鼻涕虫的小型动物。有些种类的海蛞蝓能够窃取藻类特定的绿色叶绿体，将它们吸收到整个身体。它们可以像藻类一样，利用这些叶绿体从阳光中获得能量！它们是唯一能够这样吸收叶绿体的动物。想象一下，如果你的皮肤也有一些叶绿体——你能够懒洋洋地躺在阳光下放松就可以通过叶绿体获得食物！

怪异的生物

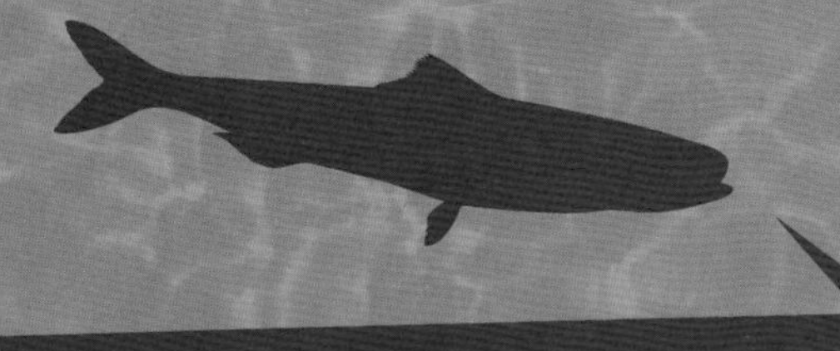

饼干爱好者

雪茄鲛（cookiecutter shark，字面意义为饼干成型切割刀鲨鱼）是一种小型巧克力棕色鲨鱼，有绿色的大眼和好听的名字。然而，这个名字的由来并不美好。它在口腔底部有一排锋利的牙齿，像锯子一样。它用这些牙齿从猎物身上切下饼干形状的整块肉。它的猎物包括从鲸鱼到人类再到它们的表亲大白鲨！它在水体中发出淡绿色的光来伪装自己——这样它能隐藏自己身影更好地融入水中。

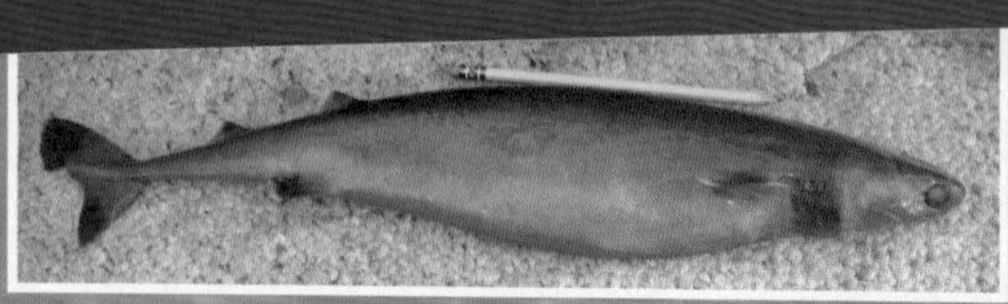

一支铅笔和雪茄鲛的比较
©NOAA观测项目

一群盲鳗
©SERPENT项目

黏液丝绸

盲鳗在很多方面都很独特和古怪。这个物种被认为在3亿年里面几乎没有发生变化，当时它可能是最早进化出坚硬颅骨的动物之一。但是它却没有脊椎，可以将自己身体打个结，喜欢吃海底的鲸鱼尸体，还会渗出大量的黏液。一些科学家正试图用这种黏液来制造服装用的丝绸！有人想要一件漂亮的黏液丝绸衬衫吗？

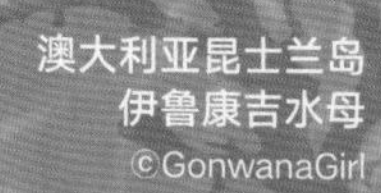

澳大利亚昆士兰岛伊鲁康吉水母
©GonwanaGirl

迷你杀手

伊鲁康吉水母和其他的箱水母是现存最毒的动物。它们的毒液比眼镜蛇毒液强100倍，比狼蛛毒液强1 000倍。然而，与其他箱水母不同的是，伊鲁康吉水母体型非常小，只有5～25毫米宽。话虽如此，它们4根细线般的触须可以长达1米。被蜇一下会产生可怕的伊鲁康吉综合症状：极度剧烈的疼痛和即将到来的厄运感。伊鲁康吉水母通常出现在澳大利亚北海岸附近水域，但是等一下！气候变化让伊鲁康吉水母增加了它的活动范围……要避开。

在一个鲷鱼身上吃舌头的寄生虫
©Andy Heyward

舌头寄生虫

以舌头为食的鱼虱可能是最可怕的寄生虫之一。它是生活在加勒比海的一种等足动物（与你在陆地上看到的潮虫和树虱类似）。它会游向一条倒霉的鱼，通过鳃孔爬进它的嘴里，吃掉鱼的舌头，并附在原有舌头的位置上，吸食鱼的黏液和血液。鱼类可以继续存活，用寄生虫代替它原有正常的舌头工作。这是目前唯一已知的寄生虫代替宿主器官功能的案例。

是死是活

你可能非常熟悉感冒或流感的体验。你也可能知道这些常见的疾病是由被称为病毒的微小颗粒导致的。但你是否知道病毒不是真的活着，也不是真的死了吗？它们不产生自己的能量，它们依靠感染“全活”细胞来繁殖自己。在海洋中，海洋病毒被认为能感染从最小的细菌到最大的蓝鲸；它们甚至可能感染其他病毒。

它们在海洋中的数量惊人——比整个宇宙的恒星多1亿倍！事实上，有些病毒看起来来自遥远的星系，具有奇怪的三维六边形头颅和细长的蜘蛛状腿。科学家们才刚刚开始意识到病毒对于这个星球上的生命（和死亡）有多么重要。例如，这些病毒感染细菌后，会导致细菌破裂，将细菌所含的营养物质释放回海洋。这些营养物质随后可供其他生物摄取。

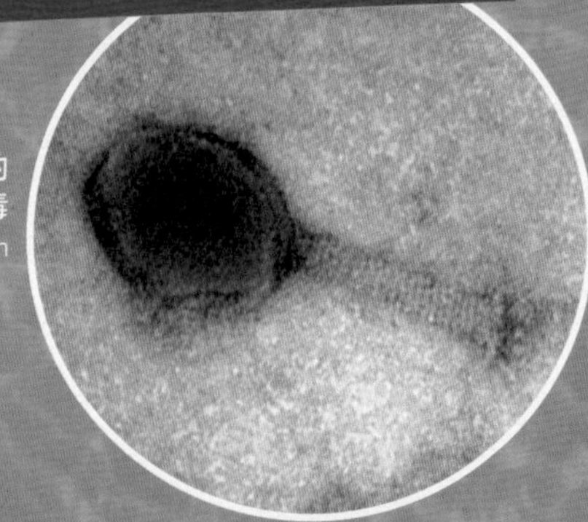

属于Myoviridae科的一种海洋病毒
©Mike Allen

海葵中的小丑鱼——它正看着你呢！
©q phia／Flickr

参与者和组织

附录

了解更多关于参与编写和帮助本手册出版的人们，以及与发起本手册有关的机构。

以下附录包含了对这本手册做出贡献的人们和研究院所。他们希望你觉得这本手册有趣又有用，最重要的是，他们希望你能够因为这本手册热爱上奇妙的海洋，并且为了保护海洋而采取行动。

Jose Aguilar manjarrez 是联合国粮农组织的水产养殖官员。他目前负责规划、促进、实施可持续水产养殖发展空间规划领域的项目和活动，并为其提供技术支持。

David Billett 是一位深海生态学家，关注深海环境管理。他是英国南安普敦国家海洋学中心的访问学者，也是国际海床管理局法律和技术委员会的成员。

Kelvin Boot 是普利茅斯海洋实验室的交流学者，具有生物学和地质学背景，具有和包括BBC在内许多科学组织的合作经验：他的目标是促进对自然环境的理解、欣赏和关注。

Jennifer Corriero 是社会企业家和青年战略顾问，拥有约克大学环境研究硕士学位。她是TakingITGlobal的联合创始人和执行董事，并被世界经济论坛认定为青年全球领先者。

Kelly-Marie Davidson 最初在一家当地报社工作，随后换到普利茅斯海洋实验室担任了七年的联络员。现阶段在西英格兰大学三年制传播学硕士项目攻读第二年。

Matt Doggett 是一位英国海洋生物学家和野生动物摄影家。作为一名职业潜水员，他在世界各地潜水。他最喜欢的莫过于通过摄影让人们看到大海的奇观。2012年，马特是英吉利野生摄影奖的总冠军。

Emily Donegan 是YUNGA的自由撰稿人和设计师。她拥有剑桥大学的植物科学学位，对可持续性生活方式和生态学非常感兴趣。空闲时间主要用于展示、绘画和涂鸦作品。

Annie Emery 在YUNGA完成了实习，目前在剑桥大学主修地理学。在课堂中，她学习了海洋和海岸保护问题，以及气候变化对这些环境的长期影响。

Helen Findlay 是一名生物海洋学家，研究气候变化和海洋酸化对英国和北极海洋系统的影响。

Nicole Franz 是联合国粮农组织的渔业规划分析师，主要研究小规模渔业政策和机构，包括其社会经济影响。

Alashiya Gordes 是牛津大学环境政策学硕士。她负责协调和编辑YUNGA出版物，支持联合国粮农组织的气候变化项目，并协助联合国粮农组织参与有关青年参与的各种机构团体。

Caroline Hattam 是普利茅斯海洋实验室的环境经济学家。她从事的项目是探索海洋对人类福祉的重要性，旨在鼓励可持续利用和管理海洋环境。

contri

Tara Hooper 是普利茅斯海洋实验室的环境经济学家，也是海洋教育信托基金的创始人。她对海洋可再生能源、热带海洋生态以及帮助管理者更好地做出海洋保护决策的工具特别感兴趣。

Frances Hopkins 是普利茅斯海洋实验室的海洋化学家，她研究海洋表层和大气之间的相互作用，以及这些过程如何受到海洋生物和化学的影响。

Jennifer Lockett 拥有普利茅斯大学的生态学学位，并在德文郡的埃克斯河口有多年的管理经验。德文郡是一个国际保护湿地，对越冬的野禽至关重要。

Alessandro Lovatelli 是海洋生物学家，专门从事海洋水产养殖。他在联合国粮农组织和其他国际发展机构有长期工作经验，从事的项目通过能力开发、技术转化和政策制定，帮助海水养殖产业的可持续发展。

Ana M. Queiros 是一位普利茅斯海洋实验室的海洋生态学家，致力于研究和减轻人类对海床物种、栖息地和过程的影响。

Reuben Sessa 是联合国粮农组织制定和协调气候变化项目的干事。他还是联合国粮农组织青年事务协调员、YUNGA倡议协调员和青年发展机构间联络员。

Jack Sewell 在普利茅斯海洋生物协会从事九年多的研究和科学阐释。她拥有海洋生物学和海岸生态学学位，以及海岸和海洋政策理学硕士学位。

Richard Shucksmith 是生活在设得兰群岛的海洋生态学家和环境摄影家。他对水栖栖息地，以及依赖海洋生态系统生活的动植物有着长久的热爱。作品获得了许多奖项，并在2011年获得了英吉利野生动物摄影奖。

Doris Soto 是联合国粮农组织的高级水产养殖官员，领导水产养殖生态系统方法（EAA）下的活动，并在全球范围内推广气候-智能水产养殖实践。

Jogeir Toppe 是联合国粮农组织的渔业官员，致力于鱼类在改善食品和营养安全方面的作用，以及我们如何改善水产品的处理、加工和保存等相关问题。

Christi Turner 是科罗拉多州博尔德的一名环境记者和青年环境项目经理，在马达加斯加从事了六年多的环保和可持续发展方面的工作，最近主要利用媒体为青年提供参与平台。

www.blueventures.org

蓝色创投（Blue Ventures）是一家备受赞誉的以科学为导向的社会企业，它与当地社区合作以保护受威胁的海洋生态系统和沿海生计。他们在一些最贫穷的热带沿海社区开发并推广海洋保护创新模式。蓝色创投在海洋对当地人民、文化和经济至关重要的区域以及在海洋是支持人类发展基本需求的区域开展工作。他们的工作成果有助于创新保护海洋生物多样性的方法，而生物多样性对于沿海居民非常有益。

www.cbd.int

《生物多样性公约》（CBD）是一项国际协议，协议中各国政府承诺通过保护生物多样性、可持续利用其组成部分，以及公平公正地分享利用基因资源所带来的利益，来维持世界生态的可持续性。

earthinfocus
photography, ecology, conservation

www.earthinfocus.com

《聚焦地球》是一个由四位生态学家兼野生动物摄影师与其他同事合作的项目。他们的任务是讲述深刻的生态故事，让人们接触科学和自然世界，并鼓励他们探索和赞叹地球的奇迹。

www.fao.org

联合国粮农组织（FAO）引领国际化工作来战胜饥饿。粮农组织是一个中立论坛，所有国家在其中平等地开会谈判协议和讨论政策。粮农组织也是知识和信息的来源，帮助各国实现农业、林业和渔业的现代化和改进，并促进人们获得好的营养。粮农组织渔业和水产养殖部特别致力于加强全球治理以及粮农组织成员的管理和技术能力，以改善水生资源的保护和利用，从而为人类福祉、粮食安全、消除贫困和环境可持续发展做出贡献。

ORGANI

http：//ioc.unesco.org

联合国教科文组织政府间海洋学委员会（IOC）是联合国海洋科学、海洋观测系统、海洋数据和信息交流以及海啸预警系统等海洋服务的机构。其使命是促进国际合作，协调海洋研究、服务和能力建设方面的项目；并将这些知识应用于改善海洋环境和沿海地区的管理、可持续发展和保护。

www.mba.ac.uk

海洋生物协会是一个学术性协会。这个协会通过慈善捐款来承担世界前沿的海洋生物科学问题，并尽可能广泛地与受众分享这些信息。海洋生物协会成立于1884年，1888年在城堡山创立了普利茅斯实验室。它在全球拥有1 000多个成员，是国家海洋生物图书馆和海洋生物信息网的所在地，并出版《海洋生物协会杂志》。

www.marineeducationtrust.org

成立海洋教育信托基金（MET）的目的是让当地社区参与海洋资源可持续管理，并激发年轻人成为海洋保护倡导者的热情。海洋教育信托基金的主要专业领域是：开发创新教育资源，促进知识交流，以及支持其他小型组织开展环境教育和推广活动。

www.noc.soton.ac.uk

南安普敦国家海洋中心（NOC）是世界上五大海洋学中心之一，致力于涵盖所有海洋学科的综合性海洋研究和技术开发。南安普敦国家海洋中心的深海组专门研究深海生态，包括深海沉积物、海山、大洋中脊和热液喷口系统，这些都是目前海洋矿物勘探的热点。

www.TheOceanProject.org

“海洋计划”致力于倡导海洋保护。它帮助水族馆以及其他游客服务机构有效地和其数百万游客建立联系，以构建更加可持续发展的社会。“海洋计划”构建了有史以来最大的合作伙伴网络，其中包括2 000余个动物园、水族馆、博物馆以及其他保护组织。“海洋计划”给合作伙伴提供前沿的研究、工具和资源，以帮助动物园、水族馆和博物馆抓住人们的想象，从而让更多的市民和社区成为他们的常客，扩大影响力。“海洋计划”在世界海洋日的活动中发挥着重要协调作用。

Plymouth Marine Laboratory

www.pml.ac.uk

普利茅斯海洋实验室因从事国内外环境科学领域的突破性研究而为世人所知。在全球变化的背景下，了解和认识海洋成为了人类生存下去必不可少的条件。我们的研究也正是基于这一认知。我们的科学家通过观测和实验来认知现象背后的含义，并用所得的数据和信息建立模型以预报多种因素对海洋生态系统所造成的影响。我们的研究成果将与决策者、客户、学术同僚和广大群众等在内的相关人员共享。

www.tigweb.org

TakingITGlobal是一个非营利性组织，致力于促进跨文化交流，培养年轻人领导力，运用科技来提升年轻人对国际大事的关注和参与度。

www.wagggsworld.org

世界女童军协会是一个为少女提供非正式教育全球性运动，女孩们可以在自我发展、挑战、探险的过程中培养领导力和生存技能。女童军协会在实践中传授知识。协会接纳来自世界145个国家和地区的女童子军成员，在全球范围的成员接近千万。

ORGANI

www.WorldOceansDay.org

世界海洋日给我们感恩海洋的机会。不论我们身处何方，健康的海洋都是我们每个人赖以生存的环境。联合国认定每年的6月8日为世界海洋日。这个节日给全世界一个机会，可以集中地用有趣且积极的方式，让更多个人和集体了解并参与到建设更可持续的社会及更健康的海洋和气候的活动中去。通过人们的努力，在2014年，全世界为了庆祝世界海洋日成功举办了近600场活动。快来加入我们，在世界各地举办更加盛大的活动，创造出空前的盛况吧！

www.scout.org

世界童子军组织是一个独立的、世界性的、非营利的、无党派的童子军组织。其宗旨在于促进团结，增进人们对童子军活动目的和规则的了解，从而帮助组织扩大和发展。

www.yunga-un.org

青年与联合国全球联盟的建立是为了能够让儿童和青年人在世界论坛上拥有发言权。众多组织和机构联合起来，为他们争取主动权、资源和机会，其中包括联合国机构和民间社会组织。青年与联合国全球联盟的存在也使得青年人能够参与到千年发展计划、食品安全、气候变化、生物多样性以及环境可持续性等联合国相关事宜中。

声明：本手册的观点不代表其中提到的组织及个人。

相关的组织和公约

摆姿态的萌海豹

©Jade Berman，Flickr

南极海豹保护公约

用于保护、研究和可持续利用南极海豹的国际协议。

南极海洋生物资源养护公约（CCAMLR）

保护南极区域海洋生物的国际协议。

全球海洋委员会

为解决过度捕捞、大规模栖息地和生物多样性丧失、缺乏有效管理和执法以及公海治理不足等问题而设立的一个国际机构。

政府间海洋学委员会

关于海洋科学、海洋观测系统、海洋数据和信息交换、海洋服务（例如海啸预警系统）等联合国机构，其任务是促进国际合作和协调海洋研究、服务和能力建设的项目。

国际捕鲸公约

保护鲸鱼免受过度捕捞的国际协议，是国际捕鲸委员会的创始文件。

国际海事组织

联合国负责提高海事安全和防止船舶污染的专门机构。

国际海底管理局

由不同国家政府代表组成的负责控制国际水域海底矿物资源开采的组织。

用冰保鲜鳕鱼

©Ann Wuyts，Flickr

区域性渔业管理组织

区域性渔业管理组织负责管理国际水域的渔业资源，也就是不在任何国家政府控制下的渔业资源。

联合国海洋法公约

界定各国在使用世界海洋方面权利和责任的国际协议。

背景图片

丰富的海洋生命

©Comstock／Thinkstock

海浪
©gdefon.com

词汇表

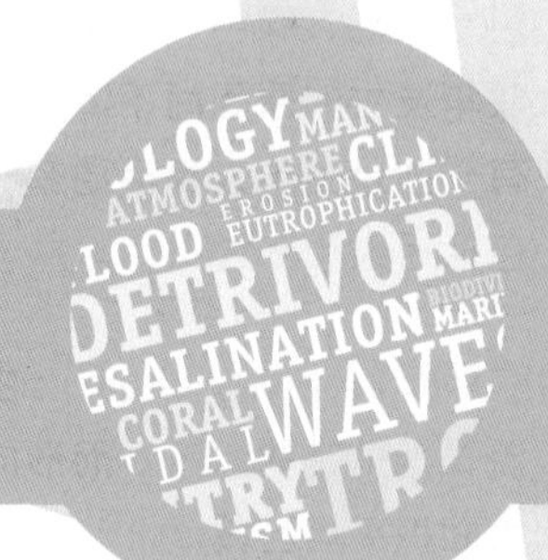
OLOGY
MAN
ATMOSPHERE
CLI
EROSION
EUTROPHICATION
LOOD
DETRIVORE
ESALINATION
MARI
CORAL
WAVE
DAL

A

吸收（Absorb）：吸收或储存某物，例如，海洋和大气都从阳光中吸收热量。

酸性，酸度（Acid）：pH小于7的物质，溶于水时会释放氢离子。

反照率（Albedo）：太阳的入射光被地球表面反射的比例。

藻华，水华（Algal bloom）：快速生长的藻类可产生对其他海洋生物和人类有害的毒素。这些藻类颜色各异（紫色、粉色、红色、绿色……）。虽然藻华发生的原因尚不清楚，但有一些是由于人类活动造成，包括污染和富营养化。

冲积平原（Alluvial plain）：由河流长期携带的沉积物而形成的大面积平坦区域。

海葵（Anemones）：一种软体海洋生物，有许多带刺的触须，与珊瑚相近。

水产养殖（Aquaculture）：指水生生物的养殖，包括鱼类、甲壳类、软体动物和海藻，通常放在笼子和池塘中养殖；对于双壳类，通常在绳索或架子上养殖。

环礁（Atoll）：部分或全部环绕礁湖的珊瑚礁。当海底火山下沉到海面以下时，就形成了环礁。环礁是一种特殊的岸礁。

原子（Atom）：世界上的所有物质都由原子组成。这些原子就像微小的“积木”。不同的原子可以结合形成不同物质的分子。

B

压载水（Ballast water）：大型船舶的水箱中用来保持船舶稳定的大量水。

堡礁（Barrier reefs）：由潟湖或海峡与海岸隔开的珊瑚礁（堡礁又称离岸礁）。

洋盆（Basin）：大洋中水下岩石形成的大型凹陷（类似陆地上的盆地）。

海湾（Bay）：部分被陆地环绕的海域，如孟加拉湾、比斯开湾和巴芬湾。

底栖生物（Benthos）：生活在海床中和海床上的所有生物（科学上称为“底栖带”）。

生物多样性（Biodiversity）：地球上所有不同种类动植物的多样性及其之间的关系。

生物灌溉（Bio-irrigation）：动物将水（和水中的其他物质）冲入或冲出海床的过程。

生物发光（Bioluminescent）：一种自身发光的生物被称为“生物发光”。

生物量（Biomass）：某一特定区域内所有生物的数量。

生物勘探（Bioprospecting）：寻找（勘探）可用于制造产品（药品）来进行商业销售的植物、动物和其他生物。

生物扰动（Bioturbation）：生物移动沉积物（和其他物质）的过程。

双壳类（Bivalves）：生活在海洋和淡水中的软体动物，身体被包裹在两个相连的壳内。它们滤食水中的颗粒为生。

咸水（Brackish）：盐水和淡水混合的水（例如在河口），导致其盐度高于淡水低于海水。

副渔获物（By-catch）：多数渔民只捕捞特定经济鱼种，但可能会误捕其他鱼类（或其他物种，包括海豚、海龟和鸟类）。这些误捕的物种被称为副渔获物。

二氧化碳（Carbon dioxide）：一种由碳元素和氧元素组成的气体，在空气中的成分不到1%。二氧化碳由动物产生，并被植物和树木所利用。它也可以通过焚烧化石燃料等人类活动产生。二氧化碳是一种温室气体，会导致气候变化。

碳汇（Carbon sink）：从大气中清除二氧化碳并储存起来的载体。特定的物种、栖息地或沉积物都可以充当碳汇。海洋作为一个整体是一个非常重要的碳汇；森林和一些类型的土壤也是碳汇的例子。

货物（Cargo）：通过船舶（或其他运输方式）运输的货物或产品。

食肉类动物，肉食性（Carnivorous）：通过食用其他动物来获得全部（或绝大多数）营养需求的动物。肉食动物在拉丁语中的意思是“肉食者”。

挑战者深渊（Challenger deep）：太平洋马里亚纳海沟南端发现的海洋最深点（在海面下近11公里处）。

化学合成（Chemosynthesis）：利用甲烷和硫化氢等无机物质作为能量来源，将碳分子和营养物质转化为有机物的生物过程。在没有光照的情况下（例如在深海海底），它是光合作用的替代品，用于生产食物。

气候（Climate）：某地方天气的长期平均值，或通常状态。

气候变化（Climate change）：天气模式的长期变化，可能会持续几十年到几千年。它是由许多因素造成的，包括人类活动、火山爆发、洋流变化和太阳活动变化。

海岸挤迫（Coastal squeeze）：用于描述被限制在陆地固定边界（如海堤或人类住区）和海平面上升或风暴加剧之间的海岸栖息地的术语。栖息地实际上被这两种力量“挤迫”，并在数量或质量上减少。

海岸带（Coastal zone）：陆地和海洋交汇并相互影响的区域。

冷泉（Cold seep）：硫化氢、甲烷和其他碳氢化合物流体从海底逸出形成。冷泉区域发现的动物能够使用化学合成方法来制造食物。冷泉也称为天然气渗漏。

群体（Colony）：同一物种的一组有机体紧密地生活在一起。

聚居（Colonize）：生物在一个新的区域聚居的过程。

凝结（Condensation）：气体或蒸汽冷却并变成液体的过程。

大陆漂移（Continental drift）：构成地球表面的板块相互移动时形成的地球大陆的运动。

大陆坡（Continental slope）：大陆架向海的边界，海床在这里急剧地落入深海。海床的浅水区通常位于海岸和大陆坡之间。

公约（Convention）：一群人通常做某事的方式。在国际政治中，国际协议通常被称为“公约”。

珊瑚白化（Coral bleaching）：珊瑚白化发生时，珊瑚会失去颜色变成白色。因为压力使它们排出了生活在其组织内的微小的、色彩鲜艳的藻类。高水温是一个主要压力，但高光强度、低盐度、高酸度和污染物也会使情况恶化。长时间的白化会杀死珊瑚。

生态廊道，过渡带（Corridor）：在生态学中，这是指连接不同栖息地的区域：它们可以被认为是允许动物从一个栖息地移动到另一个栖息地的生态廊道。

世界性的（Cosmopolitan）：在生态学中，这指的是分布广泛的物种，即它们可以在世界许多地区找到（与地方物种相反）。

甲壳类动物（Crustacean）：主要是有坚硬甲壳多足水生动物，包括螃蟹、龙虾和小虾。

洋流（Currents）：海水的定向流动。海流可以是潮汐、风和海水的温盐差异引起的。

D

海洋死区（Dead zones）：此类区域通常靠近海岸，海水和沉积物中几乎没有氧气，使海洋生物难以在这里生存。我们的海洋中的死区数量正在增加。这个词也可以在富营养化中理解。

残骸，碎屑（Debris）：被废弃的无用物品，被摧毁的物品残骸。

三角洲（Delta）：在河口的地方通常由淤泥形成的扇形区域，将河流分成较小的溪流或者河道流入海洋。

密度（Density）：密度是物体单位体积的质量（或称重量）。相同体积下，密度越大的物体质量越大。例如1立方厘米的岩石比1立方厘米的泡沫密度更高。

海水淡化（Desalination）：将盐分从海水中分离出来提取淡水的过程。大规模海水淡化的价格是非常昂贵的，需要特殊技术和大量能源。

食碎屑者（Detritovores）：通过进食动植物尸体残骸生存的生物。

发展中国家（Developing country）：相对比较贫穷，经济上有待进一步发展的国家。发展中国家通常严重依赖自然资源、农业、渔业（这里的农业或渔业通常能够养活家庭，但是规模不足以形成商业）。

稀释（Diluted）：变得更薄、更弱、更淡。

丢弃，抛弃物（Discards）：扔掉的、抛弃的。副渔获物就属于这一类。

E

地震（Earthquake）：突发的地面剧烈晃动的现象。通常会产生重大的灾害或破坏。地震通常发生在地壳移动时，或与火山活动有关。

落潮（Ebb）：潮位降低或者潮水向海退去。

棘皮动物（Echinoderms）：一种生活在海洋中的生物物种，已知有7万多种，包括海星、海胆、海参等。

生态系统（Ecosystem）：由相互作用的生命（动植物）和非生命物质（水、空气、土壤、岩石等）组成。生态系统没有特定的大小：根据你兴趣的相互作用来判定，可以是一个小水坑，也可以是整个海洋。归根结底，整个地方也是一个巨大而复杂的生态系统。

生态系统服务功能（Ecosystem services）：自然生态系统对人类福祉直接或者间接的贡献，包括提供食物、材料、娱乐和舒缓情绪、健康身体。有四种类型的生态系统服务：供应、调节、文化和支撑。

卵，鱼卵（Eggs）：磁性生殖细胞，与雄性生殖细胞（精子）结合受精后产生后代。

地方性的（Endemic）：某个物种只能依靠当地生境地而生存，不能在其他地方生存。

工程物种（Engineering species）：也称为“生态系统工程师”。通过利用一些生物特性改善环境的物理或化学特性。例如树根可以改善你的花园，有些生物可以改变海床的化学性质。

赤道（Equator）：赤道是在地球纬度为零处的线，太阳在一年中有两天正午直射赤道，这两天白天和黑夜的时长相同（被称为春分点和秋分点，发生在3月21日和9月21日左右）。

侵蚀（Erosion）：字母意思“磨损”。岩石和土壤被雨水、流水、海浪、冰、重力或其他自然或人为因素侵蚀或移动。也可以参考“风化”这个词条。

河口（Estuary）：河流入海口，淡水和海水的混合区域。

富营养化（Eutrophication）：由于营养物质含量过高，沿海水域经常发生富营养化。它会导致浮游植物和其他海洋藻类的快速生长，从而导致“死区”的形成。

蒸发（Evaporate/evaporation）：热量将物质由液态变成气态的过程。

专属经济区（Exclusive economic zone）：从海岸线延伸至200海里（370公里）的海域，该国在专属经济区拥有开发海洋资源（如渔业、化石燃料供应和采矿）的特殊权利。

灭绝（Extinction）：当某个物种不再在地球上存在时，它就灭绝了。

F

一年冰，第一年冰（First-year ice）：新形成的海冰，存在时间未超过一年。

峡湾（Fjords）：几个世纪被冰川刨蚀成的陡峭狭窄河湾（冰川形成巨型且持久的“冰河”）。

涨潮，洪水（Flood）：当谈到“flood”时，“flood”指的是涨潮或入潮（与落潮相反）。更一般地说，“flood”是指一片土地被水覆盖（例如，由于大雨、河流或湖泊淹没了周围的土地）。

食物链（Food chain）：捕食者与猎物之间的联系。食物链显示能量如何在个体之间传递，从初级（植物）开始，一直到食肉动物和食腐动物，例如，在沿海地区，小生物吃非常小的海藻和细菌；然后，这些食物会被鱼类等大型动物吃掉，而鱼类本身也会被更大型的鱼类、鸟类和哺乳动物吃掉。

食物网（Food web）：食物链的复杂版本，不止一种动物可能有相同的食物来源，这意味着不同的食物链是相互关联的。

化石（Fossil）：保存下来的古代动植物遗骸。

化石燃料（Fossil fuels）：化石燃料是由史前植物或动物遗骸经过数百万年形成的。这三种化石燃料是煤、石油和天然气。当我们使用化石燃料为汽车提供燃料或供能时，温室气体二氧化碳被释放到大气中，从而导致气候变化。

淡水（Fresh water）：不含盐的天然水（如河流、湖泊和地下水）。

岸礁，裙礁，边缘礁（Fringing reefs）：在海岸附近发现的相对年轻的珊瑚礁。岸礁是珊瑚礁的两种主要类型之一，与堡礁并列。也可以参考环礁这个词条。

G

地质（Geological）：与地壳岩石有关。

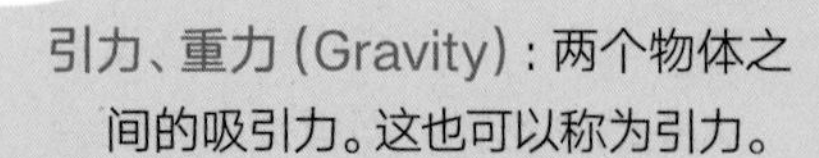

引力、重力 (Gravity)：两个物体之间的吸引力。这也可以称为引力。

温室气体 (Greenhouse gas)：大气中能吸收和释放（或辐射）热量的气体。包括水蒸气、二氧化碳、甲烷、氧化亚氮和臭氧。工业生产、能源生产和运输等人类活动使大气中的气体含量大量增加，以至于地球的温度开始升高，这就是所谓的气候变化。

地下水 (Groundwater)：位于地表以下的水，通常为泉水和水井提供来源。这是地球上最大的饮用水仓库。

海湾 (Gulf)：部分被陆地包围的大面积海域。海湾通常比小海湾（Bay）大得多。例如墨西哥湾、亚丁湾和波提尼亚湾。

环流（流涡）(Gyre)：这些是大系统的海洋环流，通常与风生洋流有关。有五大环流：一个在北大西洋，一个在南大西洋，一个在北太平洋，一个在南太平洋和一个在印度洋。

栖息地 (Habitat)：生态系统中某种生物通常生活的局地环境。特定栖息地对特定生物的吸引力取决于海床类型（例如砂质、淤泥或基岩）、水温和盐度等因素，或者某种特定类型海洋生物，例如珊瑚礁。

食草类动物, 草食性 (Herbivores)：只吃植物、藻类和光合作用细菌的动物。

公海 (High seas)：国家专属经济区以外的区域。也被称为“国际水域”，没有一个单独的国家对公海拥有合法权利。

高潮（High tide）：在特定的一天，岸边海水的最高水位，也称为“高潮（High Water）”。

飓风 (Hurricane)：在海洋中形成的一种非常强烈的热带风暴，能够产生非常强烈的风和降水。在世界上不同的地方，飓风也被称为台风或热带气旋。

热液喷口 (Hydrothermal vent)：海底的开口，自然界的热水从这里流出，通常与火山活动有关。

缺氧 (Hypoxia)：在海洋环境中，当海水中的溶解氧水平降低到无法再支撑海洋生物时，就会发生缺氧。在缺氧的极端情况下，该区域会变成死亡区。

本土的, 原住民 (Indigenous)：起源于某个地方或自然发生的东西，而不是由新的人类活动引入的。

内陆海（Inland sea）：内陆水域或盐湖，表现出与海洋相似的特征。

潮间带 (Intertidal zone)：低潮和高潮之间的海岸线区域：退潮时潮间带露出水面，涨潮时又被海水覆盖。

入侵物种 (Invasive species)：有意或无意引入某一地区的外地动物、植物和其他物种，具有竞争优势，对当地栖息地造成负面影响。

无脊椎动物 (Invertebrate)：没有脊椎的动物。

幼年动物, 幼年阶段 (Juvenile)：未完全发育成熟的幼小动物。

幼虫, 幼鱼 (Larvae)：刚从卵中孵化出来的动物。许多海洋动物（包括螃蟹、软体动物和蠕虫）的幼虫形态看起来与成年形态非常不同。

纬度 (Latitude)：用以衡量赤道以北或以南的距离。

低潮（Low tide）：海水在某一天

岸边的最低水位，也称为“低潮（Low Water）”。

M

红树林 (Mangrove)：热带沿海地区的耐盐树木。“红树林”一词可以指一棵树或整个森林。

马里亚纳海沟 (Marianas trench)：海洋最深区域，发现于西太平洋。

海水养殖 (Mariculture)：海洋水产养殖，即在海岸或沿海水域养殖海洋生物。

海洋公园 (Marine parks)：受到高度保护的海洋区域，在这里人类活动受到严格控制，以避免对自然生态系统造成伤害。海洋公园是海洋保护区的一种。

海洋保护区 (Marine protected areas, MPAs)：为帮助和保护海洋栖息地和文化历史资源，人类活动会被部分或者全部限制的划定海域。

海洋资源 (Marine resources)：由海洋提供的有利用价值的东西，例如鱼类、矿物，甚至是能提供娱乐的东西。

海雪 (Marine snow)：从海洋的上层落入深海海中的生物残体、植物或动物的排泄物。

沼滩 (Marsh flat)：盐沼的低洼地区。

甲烷 (Methane)：一种由碳和氢组成的化合物（通常为气体）。甲烷是用于烹饪和取暖的重要燃料，也是一种重要的温室气体。

微生物 (Microbe)：微型生物。

迁移, 迁徙 (Migrate, migration)：“迁徙”来自在拉丁语中是“移动”的意思。迁徙是动物的一个定期的长距离移动行为，如：一些鲸鱼从北极的觅食地迁徙到加勒比海的繁衍地。

分子 (Molecule)：当多个单原子结合在一起时，它们会组成分子。不同的分子构成不同的物质。例如，水是由两个氢（H）原子和一个氧（O）原子组成的，所以水的化学名称是H_2O。一个氧分子是由两个氧原子组成的，称为O_2。

软体动物 (Molluscs)：没有脊椎的动物（“无脊椎动物”），包括海螺蜗牛、鱿鱼和章鱼等。在所有被发现的海洋生物中，大约有23%是软体动物。

季风, 季雨 (Monsoon)：某些热带和亚热带地区在夏季有明显的季雨。季风是由季节性的风从冷的海洋吹到暖的陆地上造成的。

多年冰 (Multi-year ice)：存在时间超过一个夏天的极地冰（参见一年冰）。

N

自然资源 (Natural resources)：自然资源是在我们周围的自然环境中有利用价值的物质。我们赖以生存的水、土壤、木头和岩石都是自然资源。比如，我们需要饮用水，需要水和土壤来种植粮食，需要木材来做燃料、造纸和制造家具，需要木材和岩石来做建筑材料。这些只是我们能利用的自然资源中的一小部分！你还能想到更多吗?

小潮 (Neap tide)：小潮是指潮差比大潮小的潮汐。它们发生在月亮的第一或第三半月相。

北半球 (Northern hemisphere)：赤道以北区域（欧洲、北美洲、亚洲大部分地区和非洲大部分地区都位于该区域）。

营养 (Nutrient)：动物和植物赖以生存和生长的化学物质。

海洋酸化（Ocean acidification）：在海水中观察到的酸度增加（或pH降低），这是20世纪海洋对二氧化碳的吸收导致的结果。

有机物（Organic matter）：具有生物来源的物质（如活的动植物，以及死的动植物的残骸和分解的营养物质）。

生物（Organism）：拥有生命的物体，如植物、动物或微生物。

过度捕捞（Over fishing）：捕捞过度而导致渔业资源减少。

多年生的、长期的（Perennial）：常年存在的，可能会持续很多年，例如，在夏天不融化的冰层称为多年冰。

潜望镜（Periscope）：一种用一组透镜、镜子或棱镜组成的仪器，它们被安放在一个盒子里，使我们能够观察隐蔽的地方。例如，潜艇使用潜望镜来观察水面上发生的事件，而不是观察潜艇在水下的位置。

pH（pH）：衡量酸度（低pH）或碱度（高pH）的指标。

光合作用（Photosynthesis）：绿色植物和藻类体中发生的一种生物过程。光合作用可以利用光能作为能源，将二氧化碳和水转化为食物来源（糖和其他有用的化学物质）。这个术语来自古希腊语："photo"意味着"光"，"synthesis"意味着"合成"。

浮游植物（Phytoplankton）：随着洋流漂移的微型海洋植物，它们生活在海洋上层，利用光合作用产生食物。

浮游生物（Plankton）：随着洋流漂移的微型海洋动植物。

极地地区（Polar regions）：北极（北纬90°）及周边地区和南极（南纬90°）及周边地区统称为"极地地区"，简称为"极地"。

珊瑚虫（Polyps）：在海洋生态学中，珊瑚虫指生活在珊瑚和海葵群落中的个体动物。

初级生产者（Primary producers）：能进行光合作用的生物（即植物和藻类）。初级生产者是所有食物链的最底端。

棱镜（Prism）：一种可以使通过它的光线改变方向（折射）的透明物体。

配额（Quota）：对某些事物的限制，例如，渔民的最大捕捞量。执行捕捞配额是为了防止过度捕捞。

礁（Reef）：一种由岩石、海洋生物（如珊瑚或牡蛎）或人为及意外（如港口桩或沉船）形成的坚固的水下结构物（本文多指珊瑚礁）。

可再生能源（Renewable energy）：由可再生资源产生的能源，可以通过自然或人为来进行补充，如风能、水能和太阳能。

溺河（Ria）：指被淹没的河谷。

离岸流（Rip currents）：指远离海岸的狭窄、快速移动的水流。它们可以发生在波浪破碎的任何海滩。

基岩海岸（Rocky shore）：以岩石或大型巨石为主要基底的海滩。

径流（Run-off）：被雨水冲离陆地进入河流和海洋的物质（通常是土壤中的化学物质或其他污染物）。

盐度（Salinity）：盐度衡量海水中溶解盐浓度。海水自然具有高盐度，淡水则不然。

盐沼（Saltmarsh）：在海岸顶部（通常在泥滩之后），涨潮时可能被淹没的一大片高耐盐植物地。

沙洲（Sand bar）：指河口处的沙脊，通常由水流和波浪塑造而成。

卫星（Satellite）：人类送往太空绕地球运行的设备，通常是为了收集数据或提供通信服务。

海（Sea）：连接大洋的大面积盐水区域。通常"海"和"洋"可以互换使用。

海上工作者（Seafarers）：指在海上工作的人。

海冰范围（Sea ice extent）：被海冰覆盖的程度。定义为被海冰覆盖或不被海冰覆盖。

海山（Seamount）：指没有露出海面的山。

海水（Sea water）：海洋中的水。和淡水的区别是溶解的盐的浓度不同。

沉积物（Sediment）：被风、水或冰携带，最终沉积下来的各种类型泥、砂和岩石。例如海底由沉积物构成，像沙洲一样的水下结构。

沉积物剖面成像仪（Sediment profiler imager, SPI）：一种使用大棱镜的仪器，可以供我们研究和观察海底内部情况。

沉积物海岸（Sediment shores）：由砂或泥等软沉积物组成的海滩。

太阳能（Solar energy）：来自太阳的能量。

南半球（Southern hemisphere）：地球上赤道以南的区域（包括大部分南美洲、非洲南部、澳大利亚、南极洲）。

物种，种类（Species）：一群能够共同繁殖产生同种健康后代的相似生物体。

海绵（Sponge）：一种生命体，其身体充满空隙和通道可供水流通过，从中吸收生存所需的营养物质。他们没有神经、消化、循环系统。在深海中，成群的海绵会密集，被称为"海绵场"。

大潮（Spring tide）：高于平均水平的高潮和低于平均水平的低潮，在新月或满月（第二或第四季度）时发生。

渔业资源（Stock）：某物可获得的数量。本书指海洋中可获得鱼类数量。

风暴潮（Storm surge）：由强风引起。风暴潮导致海水上升，造成比往常更高的潮位，并且可能会淹没海岸。

海峡（Strait）：连接两个较大水体的狭窄水道，如直布罗陀海峡（连接地中海和大西洋）、阿拉斯加和西伯利亚之间的白令海峡（连接太平洋和北冰洋）。

俯冲（Subduction）：一个构造板块运动到另一个板块下面，并被向下推入地幔的过程。

亚热带的（Subtropical）：与亚热带相关的。

亚热带（Subtropics）：介于热带和温带之间的区域。

过热的（Superheated）：液体被加热到超过其沸点仍保持液体状态，而不是转化为气体。

表层流（Surface currents）：深度400米至海表面部分由风驱动的洋流。

可持续（Sustainability）：指人类节约利用自然资源，确保在不破坏环境的情况下满足需求（能持续支撑植物、动物和人类的生活）。确保我们的活动是可持续

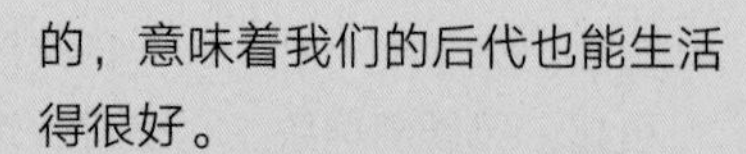

的，意味着我们的后代也能生活得很好。

可持续资源（Sustainaly sourced）：生产过程中考虑环境和社会影响。例如，可持续资源渔业是指以不破坏海洋环境、渔业和水产养殖的方式来捕捞或养殖鱼类。

构造板块，板块（Tectonic plates）：大陆和海洋下构成地壳的巨大岩石。构造板块在地球表层缓慢移动（每年2～5厘米），碰撞、俯冲或相互分离。可表现为地震、俯冲以及火山。

温带地区（Temperate zones）：介于热带和极地之间的地区，其气温相对温和，冬季和夏季很少有极端天气。

陆地的（Terrestrial）：与陆地或整个地球有关的（“terra”在拉丁语中是“地球”）。

领海（Territorial waters）：完全处于国家政府控制下的海域（包括海底）。领海通常从低潮标记位置延伸到12海里（22公里）处。《联合国海洋法公约》规定，外国船舶允许“无害通过”领海，意味着他们应必须和平遵守该国的要求。

温盐环流（Thermohaline circulation）：“热”指的是温度，“盐”是指盐度，“环流”是指海水运动。我们把水温和盐度引起的密度变化所产生的海水流动称为“温盐环流”（THC）。

挡潮闸（Tidal barrage）：一种横跨河口的水坝，用于控制潮汐的流动，利用潮汐驱动涡轮机发电。

涌潮（Tidal bore）：在潮差大的地区，由进入河口或海湾的潮汐形成的波浪。

潮流涡轮机（Tidal current turbine）：一种类似水下风车的装置，当潮水涨落时，流经它的水的速度迫使它的叶片转动，从而产生电能。

潮周期（Tidal cycle）：海水从低潮进入，达到高潮，然后回落到低潮，一般约数个小时。

潮差（Tidal range）：某地高潮水位和低潮水位的差值。

潮汐（Tide）：由于月亮和太阳的引力以及地球的自转而引起的海水的涨落。大多数地方每天都有两次高潮和低潮（参见引力）。

过渡带（Transition zone）：两个不同地区或特征交汇的区域，在这里可以发现两者的一些特征（例如，河口是过渡带，因为那里是河流淡水和海洋盐水交汇和混合的地方）。

拖网（Trawling）：在一艘或几艘船后拖着大网在水中捕鱼。同样，在底拖网中，网是沿着海床底部拖动而不是在水体中拖动。

条约（Treaty）：国家间正式缔结（批准）的协议。

北回归线（Tropics of cancer）：位于北纬23.5°附近的线，在此处，太阳在夏至日（大约6月21日）的中午直接位于头顶上方。从北极看，这是一年中太阳在天空中最高的一天。

南回归线（Tropics of capricorn）：位于南纬23.5°的线，在冬至日（大约12月21日）中午，太阳直接位于头顶上方。从北极看，这是一年中太阳在天空中最低的一天。

热带的（Tropical）：与热带有关的。

热带（Tropics）：赤道周围的地区，气候非常温暖，全年大约有12小时的白天（和12小时的黑夜）。热带向北延伸至北回归线，向南延伸至南回归线。

海啸（Tsunamis）：由地震、火山爆发和水下滑坡等海床变化引起的极其强大的波浪。

蒸汽（Vapor）：当液体被加热时蒸发并变成气体：这就是所谓的“蒸汽”。

喷口（Vent）：海底的裂缝，热量、气体和液体可以通过它逸出。

火山（Volcano）：地壳断裂处（通常是一座山），熔岩、火山灰和气体有时通过火山喷出。喷出熔岩的过程被称为火山爆发。

水体（Water column）：从海底延伸到水面的垂向水柱。

水循环（Water cycle）：水循环描述水从海洋到大气到陆地再回到海洋的运动。它还描述了水从固态到液态再到气态的变化。

天气（Weather）：某区域每小时或每天的室外条件，包括云量、降雨量、气温、气压、风和湿度（空气中水蒸气的量）。

风化（Weathering）：物质例如岩石或土壤在自然因素下（例如风、雨、潮汐或树根的生长等）或人为因素下（例如化学污染）的松散过程。与侵蚀不同，风化过程中物质不被移动。

浮游动物（Zooplankton）：随着海流漂移的微型海洋动物。一些浮游动物终身是浮游生物，而另一些只在幼年阶段是浮游生物，在成年阶段发育成体型较大的生物（例如水母和一些鱼类物种）。

虫黄藻（Zooxanthellae）：生活在暖水珊瑚礁石组织内的微型藻类。

图书在版编目（CIP）数据

青少年海洋科普手册 / 联合国粮食及农业组织编著；胡松译．-- 北京：中国农业出版社，2022.12

（FAO中文出版计划项目丛书．青年与联合国全球联盟学习和行动系列）

ISBN 978-7-109-30033-0

Ⅰ．①青… Ⅱ．①联… ②胡… Ⅲ．①海洋－青少年读物 Ⅳ．① P72-49

中国版本图书馆CIP数据核字(2022)第178204号

著作权合同登记号：图字01-2022-3767号

青少年海洋科普手册
QINGSHAONIAN HAIYANG KEPU SHOUCE

中国农业出版社出版

地址：北京市朝阳区麦子店街18号楼
邮编：100125
责任编辑：郑　君
责任校对：吴丽婷
印刷：北京缤索印刷有限公司
版次：2022年12月第1版
印次：2022年12月北京第1次印刷
发行：新华书店北京发行所
开本：889mm × 1194mm　1/20
印张：13
总字数：765千字
总定价：240.00元（全3册）
